全国青少年校外教育活动指导教程丛书

中国教育学会少年儿童校外教育分会秘书处　组编

◎青少年科技教育◎

好玩的科技创新实验

（上）

周又红　侯利伟　赵　溪/编著

云南大学出版社

图书在版编目（CIP）数据

好玩的科技创新实验：上 / 周又红，侯利伟，赵溪编著. --昆明：云南大学出版社，2011

（全国青少年校外教育活动指导教程丛书 / 高彦明主编. 青少年科技教育）
ISBN 978-7-5482-0403-9

Ⅰ. ①好… Ⅱ. ①周… ②侯… ③赵… Ⅲ. ①科学实验－青年读物②科学实验－少年读物 Ⅳ. ①N33-49

中国版本图书馆CIP数据核字（2011）第049962号

全国青少年校外教育活动指导教程丛书·青少年科技教育
好玩的科技创新实验（上）

丛书顾问：高　洪
丛书主编：高彦明
编　著：周又红　侯利伟　赵　溪
责任编辑：李　红
封面设计：马小宁
插图设计：刘浩然　王　喆
出版发行：云南大学出版社
印　装：云南南方印业有限责任公司
开　本：787mm×1092mm　1/16
印　张：6.75
字　数：85千
版　次：2012年12月第1版
印　次：2012年12月第1次印刷
书　号：ISBN 978-7-5482-0403-9
定　价：19.80元
地　址：云南省昆明市翠湖北路2号云南大学英华园内
邮　编：650091
电　话：0871-5031071　5033244
网　址：http://www.ynup.com
E－mail：market@ynup.com

作者介绍

  周又红　特级教师，北京市西城区青少年科学技术馆教科研主任。从事科技及环境教育一线工作近30年，担任"中国科协青少年部专家委员会委员"、"中国科学院老专家演讲团成员"、"绿色北京、绿色宣传演讲团"专家等职务。她深入社区、学校和机关开办科技及环境教育讲座，演讲近千场，听众数万；她钻研教育理论，主编和撰写了600万字专著和教材；她设计的教具发明多次获全国金、银奖；她积极引导青少年的创新实践，培养了一批科学探究的爱好者；她辅导学生科研项目300多项获科技创新奖，其中获国际奖4项、全国奖50多项、北京市奖300多项。周又红老师对科普事业的不懈努力和成就，使她获得全国先进科普工作者、全国地球奖、全国少年儿童优秀理论工作者、西城区十佳女教师、西城区教育创新技术能手称号和英才奖、全国"十佳"优秀科技教师、北京市特级教师等荣誉称号。2009年以她作为领队的北京代表队获得全国公众科学素质电视大赛总冠军，同年荣获"首都十大教育新闻人物"的称号。

侯利伟 北京市西城区青少年科学技术馆环保化学培训部部长，环境科学专业硕士研究生。承担水教育、清洁空气挑战、绿色化学、食品与健康等课程，开设有"小学科学启蒙—实验—探究班"，"初中化学实验探究班"和"高中后备人才班"，通过培训活动启发学生科学思维，提高动手能力，锻炼语言表达能力。注重学生创新能力的培养，辅导学生参加科技竞赛，多次获得国家、北京市奖项；策划组织青少年冬夏令营活动、科技教师培训、全国科普日宣传活动、"感恩南水北调"、"落叶堆肥"、"绿化你的旅程"节能减排、爱护生物多样性等主题公益活动，发展了千余名环保志愿者。

侯利伟老师多次获得"优秀科技辅导员"称号，承担多项国家、市级、区级教育科研课题。参编《江西高中研究性学习》、《水教育》、《能源活动手册》、《食品与健康活动手册》、《中日韩环境教育创新方法指南》、《环境教育渗透教育教案集》等科技教育书籍。

赵　溪 毕业于首都师范大学化学系，西城区青少年科学技术馆环保化学培训部教师。在职期间，先后参与了《环境教育渗透教育教案集》、《新能源与可再生能源读本》、《水教育漫画剧本故事集》等书籍的编写工作，积累了一定教材编写方面的经验。通过向专家学习和自己平时教学中的总结，他将平时授课的内容统一、提炼、创新和修改，并将这些以本书的内容予以体现。

丛书前言

面向广大青少年开展多种形式的校外教育是我国教育事业的重要组成部分，是与学校教育相互联系、相互补充、促进少年儿童全面发展的实践课堂，是服务、凝聚、教育广大少年儿童的活动平台，是加强未成年人思想道德建设、推进素质教育、建设社会主义精神文明的重要阵地，在教育和引导少年儿童树立理想信念、锤炼道德品质、养成良好行为习惯、提高科学素质、发展兴趣爱好、增强创新精神和实践能力等方面具有重要作用。因此，适应新形势新任务的要求，切实加强和改进校外教育工作，提高校外教育水平，是一项关系到造福亿万少年儿童、教育培养下一代的重要任务，是社会赋予校外教育工作者的历史责任。我们要从落实科学发展观，构建社会主义和谐社会，促进广大少年儿童健康成长和全面发展，确保党和国家事业后继有人、兴旺发达的高度，充分认识这项工作的重要性；要从学科建设的高度进一步明确校外教育目的，规范教育内容，科学管理手段，使校外教育活动更加生动，更加实际，更加贴近少年儿童。

为了深入贯彻落实《中共中央国务院关于进一步加强和改进未成年人思想道德建设的若干意见》（中发〔2004〕8号）和中共中央办公厅国务院办公厅《关于进一步加强和改进未成年人校外活动场所建设和管理工作的意见》（中办发〔2006〕4号）精神，深化少年儿童校外教育活动课程研究，总结我国校外教育宝贵经验，交流展示校外教育科研成果，为广大校外教育机构和学校课外教育活动提供一套具有现代教育理念、目标明确、体系完整、有实用教辅功能的工作参考资料，促进我国校外教育进一步科学化和规范化，中国教育学会少年儿童校外教育分会秘书处根据近年来我国校外教育发展状况和实际需求，以开展少年儿童校外课外活动名师指导系列丛书研究工作为基础，编辑出版了"全国青少年校外教育活动指导教程丛书"。

丛书在指导思想、具体内容和体例上，都坚持一个基本原则，就是按照实施素质教育的总体要求，立足我国校外教育实际，以满足校外教育需求为目的，坚持学校教育与校外教育相结合，坚持继承与创新相结合，坚持理论与实践相结合。要从少年儿童的情感、态度、价值观，以及观察事物、了解事物、分析事物的能力等方面入手，研究少年儿童校外教育活动课程设置，运用最先进的教育理念和最具代表性的经验进行研究、实践和创新。

我们对丛书的内容进行了认真规划。丛书以少年宫、青少年宫、青少年活动中心等校外教育机构教师、社区少年儿童教育工作者、学校课外教育活动指导教师，以及3～16周岁少年儿童为主要读者对象。丛书是全国校外教育名师实践经验的结晶，是少年儿童校外教育活动课程建设的科研成果。从论证校外教育活动课程设置的科学性入手，具体介绍行之有效的教学方法，并给教师留有一定的指导空间，以发挥他们的主观能动性，有利于提高教学效果。丛书采用讲练结合的方式，注重少年儿童学习兴趣的培养和内在潜能的开发，表现方式上注意突出重点，注重童趣，图文并茂，既有文化内涵，又有可读性，让少年儿童在快乐中学习。丛书的基本架构主要包括：教育理念、教育内容、教材教法、活动案例、专家点评等内容，强调体现以下特点：表现（教学内容、教学案例、教学步骤和教学演示）、知识（相关的文化知识）、鉴赏（经典作品赏析、获奖作品展示和点评）、探索（创新能力训练、基本技能技巧练习）。在各种专业知识、技能、技巧培训的教学过程中，注意培养少年儿童的以下素质：对所学领域和接触的事物应采取正确的态度，在学习过程中掌握一定程度的知识和技能，在学习过程中掌握科学的方法，提高自身能力，在学习过程中养成良好的行为习惯。丛书力争在五方面有所突破：一是课程观念。由单一的课程功能向多元的课程功能转化，使课程更具综合性、开放性、均衡性和适应性。二是课程内容。精选少年儿童终身学习必备的基础知识和技能技巧，关注课程内容与少年儿童生活经验、与现代科技发展的联系，引导他们关注、表达和反映现实生活。三是强调人文精神。在教学过程中，不仅注重技能技巧，还要强调价值取向，即理想、愿望、情感、意志、道德、尊严、个性、教养、生存状态、智慧、自由等。四是完善学习方法。将单一的、灌输式的、被动的学习方法转化为自主探索、合作交流、操作实践等多元化的学习方式。五是课程资源。广泛开发和利用有助于实现课程目标的课内、课外、城市、农村的各种因素。所以，丛书不是校外教育的统一教材，而是当代中国校外教育经验展示和交流的载体，是开展培训工作的辅导资料，是可与区域教材同时并用、相辅相成、相得益彰的学习用书。

为了顺利完成丛书的编辑出版任务，分会秘书处和各分册编辑成员做了大量的工作。我们以不同方式在全国校外教育机构和中小学校以及社会单位中进行调查研究工作，开展了"少年儿童校外教育活动课程研究"专题研讨、"全国校外教育名师评选"、"全国校外教育优秀论文和活动案例评选"等一系列专题活动，为丛书打下了坚实的群众基础；我们有计划地组织全国有较大影响的校外教育机构和学校，按照统一标准推荐在校外教育活动课程研究方面有一定建树的研究人员、一线教师参与设计和编著，增强了丛书的针对性；我们面向国内一流大学和重要科研单位，特邀知名教育专家对各个工作环节进行指导和把关，强化了丛书的权威性。该书的编辑出版得到了教育部基础教育一司、共青团中央少年部、全国妇联儿童工作部有关负责同志的肯定，得到了分会主管部门和中国教育学会、全国青少年校外教育工作联席会议办公室等有关单位的重视和支持，同时得到了各省（直辖市、自治区）校外教育机构的大力配合。

丛书是在国家高度重视未成年人思想道德建设的形势下应运而生的，是校外教育贯彻落实《国家中长期教育改革和发展规划纲要》的具体措施，更是校外教育工作者为加强未成年人教育工作做的又一件实事。我们相信，它将伴随着我国校外教育进程和发展，在服务少年儿童健康成长的过程中发挥应有的作用。

中国教育学会少年儿童
校外教育分会秘书处
2011年9月

本书导言

在科学技术飞速发展、科学普及深入人心的今天，人们对科学的理解也在发生着变化。科学已从遥远、高深的神秘学问，变成实用、神奇、看得见的知识，再到发现科学是有趣、难忘、很好玩的常识。这期间的变化令人欣喜、振奋，也让从事校外科技教育工作的我们感到肩上的担子很沉重。不会忘记的东西才是教育的有效价值，一个童年时代体验丰富的孩子，今后成长也会更快乐。儿童时期参加科技活动，尤其是在校外参加科技活动的孩子可以没有羁绊、没有限制、没有框架，通过所谓的"玩"认识科学的神奇、有趣；在"做"中领略科学的快乐、美好，获得更多的发展空间。

但是校外科技教师也会感到一些困惑：

——学生在校内已经比较系统地学习了国家教育大纲规定的科技课程，校外科技教师如何开发出不同于校内的有创意的课程；

——科学家较少为孩子们设计科学试验，已经出版的大量科普读物能让孩子们动手实践的不多，适应校外科技教育的资料更欠缺；

——孩子们通常都是"听"科学、"看"科学，校外科技教师如何给孩子们创造"玩"科学的机会；

——怎样让孩子们既对科学产生兴趣，还能在活动中了解科学研究的方法、过程，在"玩"之后有创意的开展相应的科学探究。

本书并不能完全解决以上的困惑，但希望能够为大家提供参考。西城区青少年科学技术馆推荐我们几位一线教师，把应用多年的40多项教学案例编辑整理，与大家分享。必须提到的是，本书在编写过程中还得到了科技教育名师刘克敏的大力支持，刘浩然和王喆两位年轻老师也参与了很多工作，在此一并表示感谢。

全书分上、下两册，选题内容包括环境、化学、食品、健康等方面。这些选题大部分来源于西城区青少年科学技术馆环保化学培训部学员曾经研究过的成果，其中有些还获得区、市、国家级科技创新竞赛的奖项。编者将这些创新的试验改成试验课题，并在环保化学培训部的校外科学实践中不断改进、不断拓展，力求更贴近孩子们的实际。例如：口香糖、中草药色素、果蔬清洗机等选题都是孩子们认为特别"好玩的"。相信孩子、家长和校外教师们会非常喜欢这些创新的试验，同时也可以对校内科技教育有辅助作用。

本书各课分以下几个环节开展：

你知道吗——指出课题产生的原因、案例和背景。

你怎样做——介绍试验的仪器、药品和方法设计。

你要记录——帮助孩子用科学方法记录自己的试验结果。

你会了解——引导孩子分析试验现象，理解试验中的科学原理。

你回家后——激励孩子们在日常生活中应用和拓展已掌握的知识。

资 料 卡——提供孩子们试验中可能需要的相关信息。

编者

2011年9月于北京

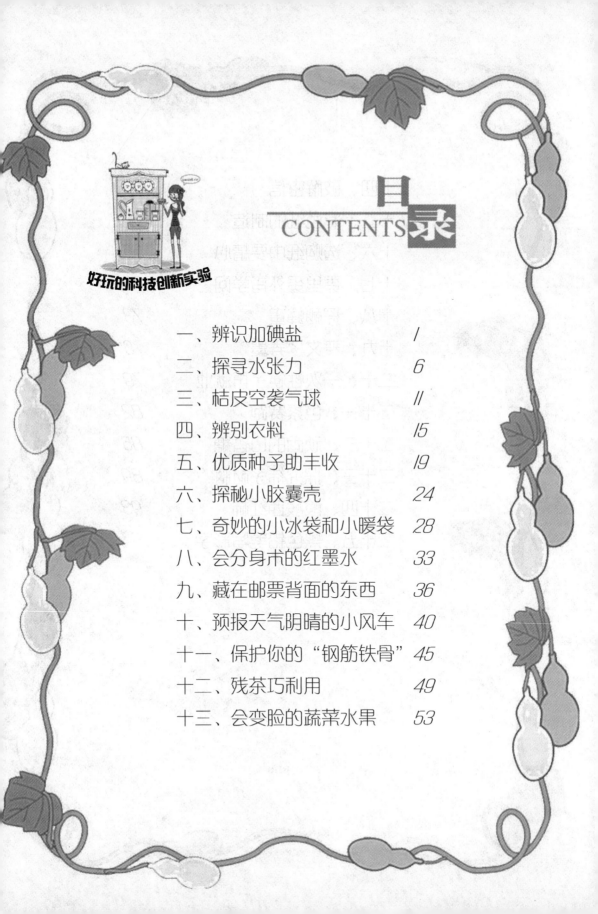

好玩的科技创新实验

目录 CONTENTS

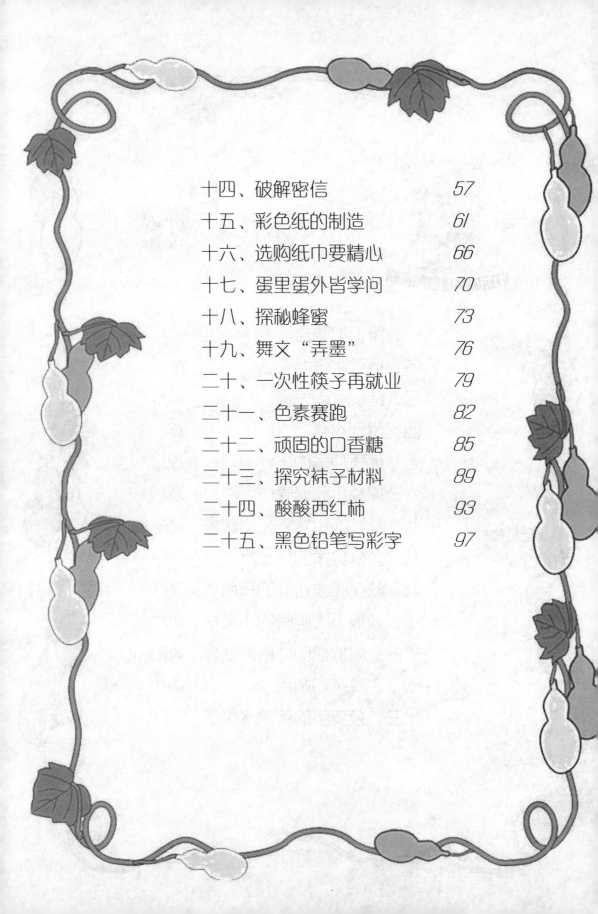

一、辨识加碘盐

随着科技发展和社会进步，开发智能已成为人们关心的话题，人们都十分关心自己的智力水平。人的智能发展除遗传因素以外，与环境和教育有着密切的关系，如我国一些地区就因生活环境中缺碘造成大批智力低下者，而这一切是可以避免的。

希望通过本次活动同学们掌握快速测试碘盐中碘含量方法，对烹调中碘的损失情况进行调查。

我们会提供

药品：氯化钠、快速碘盐测试瓶。

用品：酒精灯、铁架台、铁圈、蒸发皿、玻璃棒、药匙、纸、火柴等。

你需要准备

盐类样品：市售的加碘盐、粗盐等。

动手做起来

1. 认识加碘盐与非加碘盐区别

①观察加碘盐与非加碘盐的外形、包装，用手摸一摸，将

各种情况记下来。

②取出各种盐样品一小匙于一张白纸上，用快速碘盐测试试剂测定其中含碘量，并记录下来。

2. 调查个人家庭和亲戚朋友家用盐情况

3. 测试不同加热时间对加碘盐的影响

①取10克已知含碘量较高的加碘盐于一个蒸发皿中。

②用酒精灯加热，用玻璃棒不断搅拌。

③分别于加热后1、2、5、10、15、20分钟时取出黄豆粒大小于一张白纸上。

④当取出的盐样品温度恢复至室温时，用快速碘盐测试试剂测定各种样品的含碘量，记录下来。

⑤做一条加热时间与含碘量关系的变化曲线。

4. 调查炒菜习惯对加碘盐含碘量的影响

①调查家长在炒菜时，放入食盐后继续在火上加热的时间（从放盐到菜炒好出锅的时间）。

②调查某餐馆大师傅炒菜过程，放入食盐后继续在火上加热的时间。

③将结果填入表中。

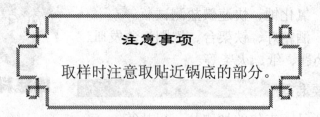

注意事项

取样时注意取贴近锅底的部分。

你要记录

1.加碘盐与非加碘盐的区别

样品	外形	包装	手感	含碘量（毫克/千克）
家中常用的粗粒盐				
临时购买的试剂氯化钠				

2.个人家庭和亲戚朋友家的用盐情况

家庭	人数（人）	用量（克/人/月）	食入碘量（毫克/人/月）	食入碘量（毫克/人/日）
自己家				
亲戚家				

3.不同加热时间对加碘盐的影响

加热时间（分钟）	加入试剂后颜色	含碘量（毫克/千克）
1		
2		
5		
10		
15		
20		

加热时间与含碘量关系的变化曲线（以时间为横坐标，含碘量为纵坐标）。

含碘量
（毫克/千克）

时间（分钟）

4. 炒菜习惯对加碘盐含碘量的影响

编号	菜名	地点	放盐后继续加热时间（分钟）	推测含碘量变化
1				
2				
3				

你会了解

1. 加热的时间不同，食盐的含碘量_____；加热时间越长，食盐的含碘量_____。

2. 放盐后继续炒菜的时间长短_____含碘量。

1. 想一想家庭如何防止碘盐中碘的损失。将你的好方法介绍到班里，告诉大家。

2. 做一个改变家庭炒菜习惯的计划（例如：何时放盐？），将计划告诉家长，或者向他们演示你做菜放盐的情况，使他们也能够了解这些情况。

3. 你了解关于我国碘含量标准修改的过程和原因吗？去查查资料吧。

你回家后

1.碘酸钾的分解，不能按照氯酸钾催化分解的模式，因为在实验中，没有合适的催化剂，所以其分解是无催化剂的分解。

$$4KIO_3 = 3KI + KIO_4 + 4O_2 \uparrow$$

2.从2000年10月1日起，我国食盐中加碘含量调整为35毫克/千克。

3.碘盐与健康：每人每日最低需碘量为75微克。在每日碘摄入量低于40微克地区的人群中，地方性甲状腺肿流行严重。

4.常见食物中含碘量：见下表（单位微克/千克）。

资料卡

食物	鲜重		干重	
	平均值	范围	平均值	范围
谷物	47	22～72	65	34～92
豆类	30	23～36	234	223～245
蔬菜	29	12～201	385	204～1636
水果	18	10～29	154	62～277
牛奶	47	35～56	—	
鸡蛋	93	—		
肉	50	29～97		
淡水鱼	30	17～40		
海鱼	832	163～3180		
海带	2000	—	1000	
贝类	798	308～1300	3866	1292～4756

二、探寻水张力

吹过肥皂泡的同学一定知道，我们吹出来的肥皂泡都自动地变成了圆球形。如果我们注意观察，滴在玻璃板上的水银滴，熔化了的小焊锡珠，荷叶上的小水珠，草叶上的小露珠都是近似球形的。这真是一个奇妙的现象，它们都与液体的表面张力有关。本次活动希望同学们了解水的表面张力，了解水被污染后表面张力的特性是否会改变。

我们会提供

用品：胶头滴管、小塑料杯、塑料盆、缝衣针。

材料：纯净水

你怎样做？

你需要准备

一分硬币、食盐、洗洁精、红墨水。

动手做起来

1. 关于一分硬币上水的研究

①猜想一枚1分硬币上可以承接的水滴数，将猜想结果写在表格中。

②用胶头滴管吸取干净的水，在距离硬币上方约2厘米处，往硬币上滴水，当硬币上的水刚开始溢出，记录实际滴到硬币上水的滴数。

③照上述方法试验3次，取3次的平均值，计算与猜测值的差值，将结果填入表中。

④取红墨水和洗洁精稀释一定浓度后（模拟污水），完成与上面同样的试验。

2. 观察生活中水的表面

观察小昆虫在水面上自由走动时，水面像不像一张透明的、富有弹性的橡皮膜？

3. 观察缝衣针或硬币在塑料盆中水面上的情况

在洁净的井水或泉水水面上，我们发现水面可以支持住硬币或者缝衣针，使它们浮在水面而不下沉。同学们可以试一试。具体方法是：

将塑料盆盛满清水；

将硬币或缝衣针用干布擦拭干净；

用中指或食指托住硬币或缝衣针，缓缓地、轻轻地把它们平放在水面，然后慢慢地抽回手，注意尽量保持水面的平静。

4. 试验小瓶中还能放多少大头针

在一个小瓶子里轻轻放满水，直到不能再加入一滴水，观察水的表面，猜想可以放多少根大头针呢？取来一些大头针，轻轻投进小瓶中，计数最多能放多少根大头针。

注意事项

1. 试验时硬币要平放在桌上，每做完一次试验都要将硬币完全擦干，否则在下一次试验时滴入水的滴数不够准确。

2. 刚开始滴水的同学一般要练习几次才能够掌握滴水的技术（可以按照20滴=1毫升的标准均匀滴水），注意保证自己滴水的方法一致。要注意反复练习，直到比较熟练。

你要记录

"探寻水张力"实验记录表

滴数（滴）	纯净水	红墨水	洗洁精
猜测值			
第一次			
第二次			
第三次			
平均值			
平均值与猜测值的差			

小瓶中能放多少根大头针

猜想（根）	实际数量（根）

你会了解

1. 在我们生活的地球上水到处都是，人们已经司空见惯、不足为奇了，因此对它的许多异乎寻常的宝贵特性也就很少注意了，而这些特性是地球上生命生存的基本条件，是值得我们去研究探讨的。

2. 水的表面有_____，被污染的水的表面张力_____（是/否）会被破坏。

虽然洗洁精进入水体后没有颜色等感官上的明显变化，但是破坏水的性质的作用却_____（能/不能）忽视。

1. 讨论为什么湿衣服经常不容易脱下来，让我们感到有点"涩"？为什么荷叶上的水会变成小圆珠状？生活中还有什么地方有同样的现象？什么液体人们经常称为"珠"，例如：水珠、泪珠、汗珠、露珠，这与水的表面张力有关系吗？

你回家后

2. 学习与水的表面张力有关的资料。

资料卡

　　水是由叫水分子的小微粒组成，它们之间不是独来独往的关系，而是互相吸引，甚至三三两两地结合。处在中间的水分子受到来自四面八方的其他水分子的包围，受力均匀。可是处在水面的水分子情况不同，它的一面与空气接触，没有来自其他水分子的吸引力。它与水接触的一面却会受到水分子们的联合吸引力，使得它受力不均匀，我们看到它会呈现下图所表现的现象，水的表面好像一块张紧的弹性薄膜。类似的现象在我们生活中还有许多，例如：荷叶上的水珠、清晨草叶上的露珠、在清水潭或清洁井水里试验硬币漂浮等。

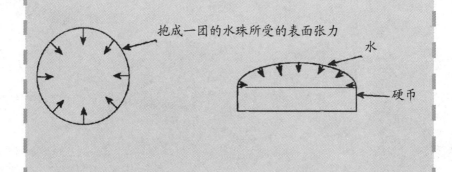

抱成一团的水珠所受的表面张力

水

硬币

资料卡

由于液体的表面有这种奇特的力存在，就使得液体的表面总是处在被绷紧的状态，并尽量收缩到最小。由于在体积相同的条件下，球的面积最小，所以在表面张力的作用下，肥皂泡、小露珠、水银滴等也就都收缩成球形了。

但是如果水受到污染，它的表面张力会受到一定程度的影响，相当于自己家里来了搞破坏的坏人，削弱原本"团结一致"的水分子家族的成员们。

三、桔皮空袭气球

节日里，彩色气球飞舞给我们带来快乐。这些玩具气球一般用橡胶制作，它弹性大，气密性好，充入空气后，体积可以膨胀到原来的6倍以上。

剥开新鲜的桔子皮（或橙子皮、柠檬皮），用手挤出桔皮里面的汁液，喷到气球上，气球马上就爆裂了。这是为什么呢？让我们通过几个小实验研究这里面的奥秘吧。通过这些实验，我们还能了解许多有关桔皮和气球的知识。

我们会提供

药品：稀盐酸、稀碱。

用品：试管、玻璃棒、剪刀、尺子、弹簧秤、打气筒等。

材料：玩具气球数个。

你需要准备

桔皮、橙皮、苹果、西红柿、食用油、食醋等。

动手做起来

1. 气球拉伸性能实验

①用剪刀将气球剪成宽1厘米、长2厘米的一段气球皮材料。

②将气球皮一端用手握住，一端用胶条粘好叠起。

③测量拉伸长度（破裂前）。

记录破裂前弹簧秤显示的牛顿值（可用千克值×9.8）。

2. 气球爆破性能实验

①用一个固定的打气筒给所有的气球充气。

②测量打一次气，气球内充入气体的体积。

③给一只气球充气，一直到气球爆破为止，记录打气的次数。

记录比较不同品牌气球爆破时的体积。

3. 气球耐酸碱实验

①根据自己准备的各种不同的试验材料的数量给数个气球充气。

②用桔皮、桔汁、西红柿汁等汁液"攻击"气球，观察哪一种汁液能使气球爆裂。

③将气球皮碎片分别放入盛酸、碱、油、醋等试剂的试管中，观察气球皮是否溶解。

你要记录

"桔皮空袭气球"实验记录表

样　品		1	2	3	4
拉伸长度（厘米）					
爆破体积（立方厘米）					
不同食品汁对气球的影响	桔皮				
	桔汁				
	西红柿汁				
	其他果皮汁				
不同化学试剂对气球的影响	酸				
	碱				
	食醋				
	油				
	其他				

你会了解

1. 气球是由橡胶制成的，橡胶具有很好的延展性。

2. 桔皮汁中的"精油"是气球的真正"杀手"。

3. 气球除了怕桔皮汁外，还怕柠檬皮汁、柚子皮汁等。

4. 稀浓度的无机酸对气球影响不大，但浓酸会与橡胶反应，因为酸破坏了气球即橡胶的结构和性质。

1. 提取桔皮油实验

①将新鲜桔皮白色层朝上，晾晒一天，以减少其中的水分。

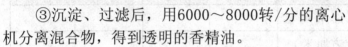

②将晾好的桔皮切碎至3毫米大小，用榨汁机压榨出油水混合糊状物。

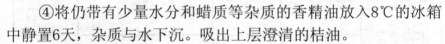

③沉淀、过滤后，用6000～8000转/分的离心机分离混合物，得到透明的香精油。

④将仍带有少量水分和蜡质等杂质的香精油放入8℃的冰箱中静置6天，杂质与水下沉。吸出上层澄清的桔油。

2. 利用不同植物自制香水

①按照上面的方法利用不同植物（如桔子、葡萄或薰衣草）提取出相应的香精油。

②取每种香精油5毫升放在小喷瓶中，在其中加入酒精30毫升提高精油的挥发性。

③使用自己制作的香水，对比味道有什么区别。

④将做好的香水放置1个星期，观察香水有什么变化。

资料卡

1. 我国是柑橘的故乡，主要有柑、桔、橙、柚4大类。柑橘的药用价值很高。

2. 柑橘皮中主要化学成分有香精油、果胶、色素、柚苷等物质，其中香精油是"攻击"气球的主攻手。

3. 香精油是一种挥发性物质，主要成分是右旋柠檬烯、柠檬醛等，是制造桔子香精的主要原料，可广泛用做食品着香剂，也能用于化妆品中，还可用酒精提取出来制成酊剂，称为陈皮酊。

4. 一些国家从柑橘皮中提取出经济价值很高的物质，应用于食品工业、医药工业、化妆品工业等。因此，合理有效地利用柑橘皮具有可观的经济效益。

四、辨别衣料

衣服与我们每天都形影不离，你认识最基本的服装材料吗？我们设计一个探究服装面料的方案，在实验操作过程中学会判断衣料的方法。

我们会提供

用品：酒精灯、烧杯、试管、量筒、镊子、石棉网、剪刀、砂纸、火柴、塑料尺子。

材料：的确良、棉布、仿真丝化纤料、纯毛毛线、头发、亚力克毛线也称化纤毛线、自备废衣料碎片等。

你需要准备

家里不用的废衣料

动手做起来

1. 已知衣料的燃烧试验

①剪下棉布、纯毛和化纤各一小条。

②把它们分别放在石棉网上，用火柴点燃。

③燃烧后各样品的灰烬是什么样的？燃烧时发出什么样的气味？

2. 未知衣料的燃烧试验

①选择一种未知衣料或毛线，用上面的实验方法进行判断。

②小组讨论并对照课后的表，判断这种衣料的类型。

3. 衣料的静电试验

①将干燥的纯棉布和"的确良"布分别剪碎。

②将经过摩擦的塑料尺子接近两种碎屑。

③分析你看到的现象，谁更容易发生静电反应？

4. 衣料的吸水试验

①在烧杯中加入25毫升水。

②将边长相同的"的确良"和纯棉布分别放到烧杯中浸透水。

③用镊子将两块布料提出水面至水不再滴落时移开。

④测量杯中剩余的水量。

实验结果说明了什么？哪种衣料吸水性比较强？

你要记录

1. 利用表格反映实验结果

衣料	样品1	样品2	样品3	未知样品
名称				
外观				
静电试验				
燃烧气味				
灰烬特点				
吸水性				
衣料类型				

2.利用表格分析不同的服装材料在使用中的优劣

编号	名称	优点	缺点
1			
2			
3			
4			

你会了解

　　1.服装穿于人体，是起保护、防静电和装饰作用的，其同义词有"衣服"和"衣裳"。

　　2.服装是一种带有工艺性的生活必需品，而且在一定生活程度上，反映着国家、民族和时代的政治、经济、科学、文化、教育水平以及社会风尚面貌。

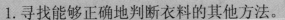

　　1.寻找能够正确地判断衣料的其他方法。

　　2.调查自己家里服装材料的应用情况，睡衣材料、风衣材料、校服材料等。

你回家后

各种衣料特征一览表

衣料类型	燃烧特征
棉织品	燃烧快，产生黄色火焰及蓝烟，并具有纸张燃烧的气味，灰烬少，灰末细软，呈浅灰色。
麻织品	燃烧快，产生黄色火焰及蓝烟，有烧草的气味，灰末呈灰白色。
羊毛织品	燃烧缓慢，燃烧时一边徐徐发泡，一边发出火焰，烧后形成黑色易碎的圆球，发出如毛发燃烧的臭味，剩余物为黑褐色块状。
真丝织品	燃烧慢，烧时缩成一团，有燃烧毛发的臭味，灰为黑褐色小球，用手指一压即碎。
涤纶织品	燃烧时纤维卷缩，一面熔化，一面冒烟燃烧，呈黄色火焰，有芳香味，灰为黑褐色硬块，用手可捻碎。
锦纶织品	一面熔化，一面缓慢燃烧，烧时无烟，或略有白烟，火焰很小，呈蓝色，具有芹菜香味，灰为浅褐色硬块，不易捻碎。
维纶织品	烧时纤维迅速收缩，燃烧缓慢，火焰很小，呈红色，有特殊臭味，灰为黑色硬块，可用手捻碎。
腈纶织品	一面熔化，一面缓慢燃烧，火焰呈白色，明亮有力，有时略有黑烟，有鱼腥臭味。
粘胶纤维	比棉燃烧快，产生黄色火焰，有烧纸的气味，灰烬极少，呈深灰色或浅灰色。
醋酸纤维	燃烧缓慢，有火花，散发刺鼻的醋酸气味，并能迅速熔化，滴下深褐色胶状液，此胶状液不能燃烧，但很快凝结成黑色有光的硬块，用手指一压便研成细末。

资料卡

五、优质种子助丰收

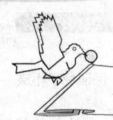

俗话说，春种一粒种，秋收一斗粮。一粒小小的种子，被农民播种到土壤里，获得了发芽条件，就会萌发成为幼苗。生活的希望、一年的好收成可以说全在这种子上了。

农作物一般都用种子来繁殖。如果种子萌发得早，芽发得好，幼芽粗壮，夏秋就有好的收成。因此，促进种子萌发，发好芽、发壮芽，是农作物丰收的一个重要环节。我们要自己了解一下，看似一样的种子谁最有生命力。

我们会提供

用品：镊子、培养皿、电磁炉、放大镜、金属锅、红墨水。

材料：菜豆种子、黄豆种子、花生种子等双子叶植物种子；水稻种子、玉米种子、小麦种子等单子叶植物种子。

你需要准备

湿砂、小碟子、废旧矿泉水瓶若干。

浸泡：将种子样品浸泡在一个矿泉水瓶里，浸泡4个小时。

动手做起来

1. 测试种子生活力

①取浸泡好的种子各20粒，小心地剥去种皮，保证种子不被破坏。

②将去皮的种子放在培养皿里，倒入稀释的红墨水，使其能够浸没种子。

③40分钟以后将红墨水弃去，将种子洗干净，计录种子被染色的情况。

④等待的时间可以再取不同种子各20粒，放入锅中用水煮，取煮熟的种子再做上面的实验。

2. 观察种子发芽

①取小麦、菜豆种子各五粒，分别放在盛有湿砂的碟子里。

②经常保持湿润，让它们发芽生长，并观察它们的生长情况。

③将看到的现象记录下来。

3. 试验玉米种子发芽时是否"吃"得饱

①取玉米种子15粒，浸在水里，让它们发胀。

②把发胀的玉米种子分成三组，并分别动点小手术：第一组的种子去掉全部胚乳，只留下一个胚；第二组的种子切掉一半胚乳；第三组的种子保持完整状态，再把它们一起种在准备好的大花盆里。

③将看到的各组情况记录下来。

4. 试验菜豆种子发芽时是否"吃"得饱

①把15粒菜豆种子放在盛有湿砂的小碟里，让它们发芽生长。

②等幼根长到约2厘米的时候，再把它们分成三组。第一组的幼苗切去两片子叶；第二组的幼苗切去一片子叶；第三组的幼

苗不切去子叶，然后把它们放在湿砂上，让它们继续生长。

③将看到的试验现象记录下来。

5. 分析

根据试验结果分析，为什么选取粒大饱满的优良种子是取得农业丰收的重要工作？如何理解"种强苗壮"这个道理。

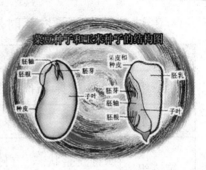

菜豆种子和玉米种子的结构图

注意事项

浸泡种子用30℃的水即可，浸泡时不要放水太多。

你要记录

1. 种子生活力的测定

名称		数量（粒）	完全染色（粒）	部分染色（粒）	未被染色（粒）
小麦种子	浸泡	20			
	煮沸	20			
菜豆种子	浸泡				
	煮沸				
……					

2. 观察种子发芽

名称	数量（粒）	发芽现象
小麦种子	5	
菜豆种子	5	

3.试验玉米种子发芽时是否"吃"得饱

组号	对种子的处理	试验现象
第一组	去掉全部胚乳，只留下一个胚	
第二组	切掉一半胚乳	
第三组	保持完整状态，再把它们一起种在准备好的大花盆里	

4.试验菜豆种子发芽时是否"吃"得饱

组号	对幼苗的处理	试验现象
第一组	切去两片子叶	
第二组	切去一片子叶	
第三组	不切去子叶，作对照用	

你会了解

1.试验用的种子的生活力强弱顺序_____。

2.被染色部分越多，说明种子细胞膜抵御外界污染物质的能力____，种子生活力_____。

3.小麦和菜豆种子对比_____发芽快。

4.试验玉米种子发芽时可以看到，去掉全部胚乳的种子_____；切去一半胚乳的种子_____；有完整胚乳的种子_____。

5. 试验菜豆种子发芽时可以看出，保存两片子叶的幼苗＿＿＿＿＿＿＿＿；留有一片子叶＿＿＿＿＿＿＿＿；切去两片子叶＿＿＿＿＿＿＿＿。

6. 在＿＿＿＿＿里，不但养料丰富，胚也比较发达，将来的生长势必旺盛，结出的果实也必然肥大饱满。

1. 为了促进种子萌发早、发芽齐、芽好、芽壮，我们可以尝试用磁化水来浸种。

用两个杯子，一个杯子装上清水，另一个杯子装上磁化水，再在两个杯子中放入同样数目的水稻种子，浸2天后，把种子拿出分别催芽，3～5天后，再检查两份种子的萌发情况，并作比较。

你回家后

2. 制造磁化水的装置是，在一个水槽里用电磁铁或永久性磁铁装上一个磁场，如果需要的磁化量多，可以用大一些的水槽，在水槽中装上两组、四组或六组磁铁。装置做好后，再让水从磁铁的两极间通过（如右图），这样就成了磁化水了。

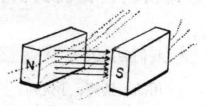

红墨水法判断种子生活力的原理：有生活力的种子其胚细胞的原生质膜具有半透性，具有选择吸收外界物质的能力，某些染料如红墨水中的酸性大红G不能进入细胞内，胚部不染色。而丧失活力的种子其胚部细胞原生质膜丧失了选择吸收的能力，染料进入细胞内使胚部染色，所以可根据种子胚部是否染色来判断种子的生活力。

资料卡

六、探秘小·胶囊壳

生病的时候，你和家人是怎样服用胶囊药的？你在食用胶囊时有没有胶囊皮黏在食道上的不快经历？人们在胶囊剂认识上的误区以及错误的服用方法而导致的用药不安全的现象时有发生，看来一粒小小的胶囊里面还有不少秘密呢。这次活动就让我们一块研究安全服用胶囊药的方法，做自己的生活小护士。

我们会提供

用品：量筒、小烧杯、搅拌棒、温度计、塑料杯、电热水壶、手表。

材料：胶囊及牛奶、咖啡、茶水、橙汁、可乐等液体。

你需要准备

各种胶囊壳、标签纸、笔记本和铅笔、签字笔等。

动手做起来

1. 查阅资料了解胶囊剂有关的知识

2. 调查身边的人喜欢用什么液体服用胶囊

3. 检查自己准备的样品，整理胶囊剂有关信息

4. 水温不同时胶囊壳的崩解时间试验

①分别将25℃、35℃、50℃、100℃的水40毫升注入4个烧杯中。

②取来一种胶囊剂分别在4个小烧杯中投入一粒胶囊。

③记录下每粒胶囊在不同温度的水中的崩解时间。

④观察并拍摄照片。

5. 不同液体中胶囊壳的崩解时间试验

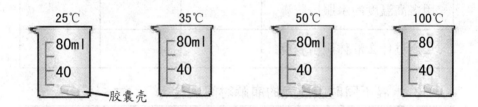

①烧杯洗干净，依次注入牛奶、橙汁、咖啡、茶水、可乐40毫升。

②取来一种胶囊剂分别在每个小烧杯中投入一粒胶囊。

③记录下每粒胶囊在不同液体中的崩解时间。

④观察并拍照片。

注意事项

小心热水烫伤！

1. 查阅胶囊壳有关的知识

成分	规格颜色种类	功能	制作过程

2. 调查结果

采访对象	对象1	对象2	对象3
是否有服用胶囊粘嗓子的经历			
用多高温度的水服用胶囊			
还用过什么液体服用胶囊			

3. 水温不同时胶囊壳的崩解时间试验

水温（℃）	崩解时间（分）	观察到的现象
25		
35		
50		
100		

4. 不同液体中胶囊壳的崩解时间试验

液体种类	崩解时间（分）	观察到的现象
牛奶		
橙汁		
咖啡		
茶水		
可乐		

你会了解

1. 常见的胶囊壳有哪些类型？颜色和规格怎样？是怎样制作的？

2. 服用胶囊剂要用_____℃以下的水。

3. 牛奶、橙汁、咖啡、茶水、可乐、服用胶囊剂安全吗？为什么？

调查家人服用胶囊类药品的方法，是否发生过粘在食管的现象。

你回家后

资料卡

胶囊的粘性源于制作材料，它制作的程序：先在不锈钢模具上形成一层明胶薄膜。然后明胶薄膜变干硬化，形成胶囊，然后从模具上取下来。一般有两种尺寸的模具，一种用来制作胶囊体，另一种直径较大的用来制作胶囊帽。

胶囊壳型号：00#、0#、1#、2#、3#、4#。

胶囊壳颜色：红黄、蓝白、深浅绿、金黄、红白、透明等。

七、奇妙的小冰袋和小暖袋

在自然界中有许多能量之间的相互转化，如：水力发电（势能转化为电能）、洗衣机（电能转化为机械能）煤或天然气的燃烧（化学能转化为热能）等，人们利用它们给生活带了给许多方便。特别是化学反应在产生新物质的同时总是伴随着能量变化。人类的祖先从利用野火起，就已经在利用化学反应所放出的能量了。

这次活动我们就和同学们自制奇妙的小冰袋和小暖袋，通过实验中自制环保作品，亲身感受化学反应中奇妙的能量变化。

我们会提供

药品：研细的硫酸钠晶体、硝酸铵晶体、还原性铁粉、醋酸（30%）、活性炭粉、氯化钠等。

用品：酒精灯、温度计、铁丝或锯条1根、带夹子的导线2根、砂纸、天平、蒸发皿、表面皿。

仪器：托盘天平。

你需要准备

1. 小塑料袋两个、线绳一段。

2. 废电池皮（锌片）或废易拉罐1个（铝片）、薄铜片、1个电子贺卡（去掉其中的电池）。

动手做起来

1.制作"小冰袋"

①将30克研细的硫酸钠晶体装入小塑料袋底部，压紧后用线绳将塑料袋绑紧，使硫酸钠晶体封在塑料袋的底部。

硝酸铵晶体

硫酸钠晶体

小冰袋

②将20克研细的硝酸铵晶体装入小塑料袋上部，然后用烧热的铁丝或锯条将塑料袋口粘合，即做成"小冰袋"。

③使用时只要将绳解下，用手揉搓，使袋内物料充分混合，便立即产生低温。

④测一测：用温度计试试看，最低能降到多少度？这个温度能持续多久？

2.制作"小暖袋"

①称取50克还原性铁粉放在蒸发皿中，用酒精灯加热1～2分钟，使铁微热，然后注入3毫升30%醋酸，搅拌几分钟后，当铁粉开始呈现灰黑色时，停止加热，并用表面皿盖在蒸发皿上，使其自然冷却。

②将冷却后的物质立即倒入塑料袋中，压实并将塑料袋折叠一下，然后装入12克活性炭和5克蛭石，再将塑料袋折叠、卷紧，放至阴凉处备用。

小暖袋

③使用时将折叠的塑料袋展开，并用手上下抖动，使袋内物料混合均匀。

④若欲使其停止发热，只要将塑料袋物料压实、折叠、卷紧即可。

⑤测一测：用温度计试试看，最高能达到多少度？这个温度能持续多久？

 你要记录

1. "小冰袋"最低能降到___℃，最多持续的时间_____。

2. "小暖袋"最高可达到___℃，最多可持续时间_____。

3. 探究铁粉暖袋成分的作用。

	活性炭	蛭石	铁粉	温度记录（℃）
配方1	有	有	无	
配方2	有	无	有	
配方3	无	有	有	
配方4	有	有	有	

4. 寻找用制暖袋的活性炭与铁粉最佳配比。

	活性炭∶铁粉	蛭石	温度记录（℃）
配方1	2∶1	5	
配方2	1∶1	5	
配方3	1∶2	5	
配方4	1∶4	5	
配方5	1∶8	5	

你会了解

1. "化学小冰袋"的原理是_____
_____，产生_____效应，应用于___
_____。

2. "化学小暖袋"的原理是_____
_____，产生_____效应，应用
于_____。

1.分组查阅资料：还有哪些化学反应与能量之间能进行转化？它们在生活中有哪些应用？

2.化学小冰袋、小暖袋在实际生活中有哪些应用？原理是什么？

你回家后

3.以活动小组为单位，模拟向"顾客"展示并推销自己制作的产品——"小冰袋"和"小暖袋"，并从多方面阐明产品的性能和优点，设法打动"顾客"的购买欲望。

4.用铁粉、活性炭和食盐水制作一个小暖袋，分析讨论每一种物质起的作用以及它们的最佳配比。

1．"化学小冰袋"的原理：硫酸钠晶体（$Na_2SO_4 \cdot 10H_2O$）中的结晶水在常温下易失去，以此为溶剂溶解硝酸铵晶体（NH_4NO_3）时，产生吸热效应起到持续制冷的效果。这种小冰袋最低温度可到-8℃，可持续1小时之久。用于降温退烧、止血止痛等家庭保健，或旅游时食品的保鲜。

2．"化学小暖袋"的原理：以铁粉和醋酸为主要原料，利用反应生成的亚铁化合物被空气中的氧气氧化时伴有热量的释放而制成的。

本实验成功的关键是袋内的醋酸亚铁存在的多少，因此，制备中铁和醋酸反应的时间不宜过长，温度不宜过高；袋内透气量大，反应速率快，发热温度高，保温时间长；最高可达70℃左右，最多可持续20小时。

资料卡

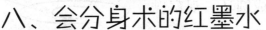

八、会分身术的红墨水

红墨水常被教师用来批改学生作业。它的颜色与洁白的纸张及蓝、黑色的墨迹形成较大的反差，使教师的批改处显得格外醒目。红墨水是不是像大家认为的那样，是由一种红色染料制成的呢？做一做下面的实验就可以知道了。

我们会提供

药品：酒精。

用品：烧杯、培养皿、滤纸。

你需要准备

红墨水。

你怎样做？

动手做起来

1. 剪一小条滤纸（宽约15毫米、长约150毫米），在靠近一头20毫米处画一条铅笔线。然后，在线条中央点一小点红墨水；点子不宜过大。把纸条另一头挂起来，让下端浸在水里。由于纸的毛细管作用，水马上会沿着纸条上升。当水渗过红墨水斑点时，红色染料就跟着向上移动，使原来的一个小圆斑拉长了，大约过五到十分钟，观察现象。

2. 在圆形滤纸中心挖一个小洞，再做一个小纸卷，把小纸卷和圆片连接在一起，用红墨水画线。把纸筒下端浸在水里，由于纸的毛细管作用，水会沿着纸筒上升。当水渗过红墨水画线时，红色染料就跟着向外移动，使原来的一个小圆圈向外辐射散开成圆环，观察现象。见右图。

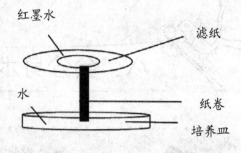

红墨水

滤纸

水

纸卷

培养皿

3．还能用什么做展开剂，我们用酒精试试，重复上面两个实验，看看现象有什么不同。

你要记录

在实验中，你所观察到的现象是：

_____，

因此你可以得出结论：

_____。

你会了解

红墨水中至少有____种染料。在实验过程中，可以看到_____种不同的颜色：上面是_____色，下面是____色。约半小时后，在长红条的中部出现了细腰，明显地把这个长红条分成为_____个不同颜色的斑点。

你回家后

1．取一支粉笔在距离粗的一头1厘米处点上一点红墨水（只用细玻璃棒蘸上一点红墨水来点，不可用滴管滴，因为这样做会使红墨水的点太大），点完后红墨水的直径约为1毫米。

2. 培养皿里加95%酒精作展开液，液面高度保持0.5厘米左右。然后把粉笔粗的一端朝下，竖立在酒精中，酒精的液面要低于红墨水点，仔细观察并记录现象。_____

_____

3. 粉笔较细的一端涂抹上不同的化学试剂，待溶液挥发后点燃粉笔，观察焰火的颜色。

资料卡

1. 红墨水里不同的染料能在滤纸上分离开来的原因是：实验出现两个不同颜色的斑点，是因为各种染料的分子都和滤纸的纤维素分子有着不同程度的吸附能力。当水分子移动碰到染料分子时，这些染料分子就好比正在游泳的运动员，乘着到来的潮水开始竞赛起来。"运动员"有的游得快些，有的游得慢些。哪个游得快，哪个游得慢？那就得看它们和纤维素分子的吸附力的大小。吸附力大的染料分子，由水分子带着它们走，就游得快，游得远。吸附力小的染料分子，虽然也由水分子拖着走，但纤维素分子却有力地拉着它们的后腿，阻碍它们前进，因此就游得不快也游不远了。

2. 制造红墨水的有机染料有墨水红、一品红、酸性大红G，这些东西都是很不稳定的，因此红墨水还要加入甘油、酒精、甲醛、树胶及抗氧化剂，即便如此，红墨水还是很不稳定的，遇水很快就褪掉渗化，应特别加以注意。因此档案管理上规定：不允许红墨水书写的资料存档。

墨水红：$1-OH-2-(H_3COCHN-Pr-N=N)-8-$乙酰氨基$-3,6-$萘二磺酸钠

酸性大红：$1-〔Pr-N=N-Pr（对位）-N=N〕-2-OH-6,8-$萘二磺酸钠

（Pr代表苯环）

九、藏在邮票背面的东西

在我们的生活中经常离不开寄信，寄信就要用到邮票。不知道同学们是否注意到在邮票的背面通常是白色，而且看不出有任何东西。但是，如果你用手指蘸一些水在邮票背面一涂，或用气一呵，就会产生一种粘粘糊糊的胶状物，你不用浆糊和胶水也可把邮票粘贴到信封上。你们知道这是什么原因吗？下面我们通过实验来验证邮票背面的胶状物到底是什么。

我们会提供

仪器：托盘天平。
药品：酒精、蒸馏水、碘水、淀粉。
用品：烧杯、量筒、玻璃棒、铁架台、铁圈、石棉网。

你需要准备

纪念邮票4~5张、面粉、淀粉。

动手做起来

1. 淀粉、糊精与碘的反应

①在一只150毫升的烧杯中，放入0.5克淀粉，注入100毫升蒸馏水。

②在另一只150毫升烧杯中，放入0.5克糊精，注入100毫升蒸馏水。

③把两烧杯分别用酒精灯加热，并不时用

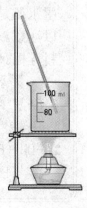

玻璃棒搅拌，直到沸腾，制成浑浊的淀粉溶液和无色透明的糊精溶液。

④待两烧杯中的溶液冷却后，用两支胶头滴管从烧杯中分别吸取2毫升淀粉溶液和2毫升糊精溶液加到两支试管中。

⑤在试管中各滴入1～2滴碘水，请观察：装有淀粉溶液的试管里呈什么颜色？装有糊精溶液的试管里呈什么颜色？请解释其中的原因。

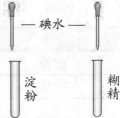

2.邮票背面的物质与碘反应

①取4～5张纪念邮票放入150毫升烧杯中。

②在烧杯中注入20～25毫升蒸馏水，使邮票浸没在水中。

③把烧杯放在石棉网上用酒精灯加热，边加热边用玻璃棒在邮票背面反复搅动，一直到沸腾为止，制成了邮票的浸渍液。

④待冷却后，用胶头滴管吸取2毫升邮票的浸渍液于试管中，在试管中滴入3～4滴碘水。

可以看到试管内显示出什么颜色？

能否证实了邮票背面的胶状物质是糊精吗？

注意事项

1.糊精是淀粉水解的中间产物。淀粉初步水解得到的糊精分子仍较大，遇碘基本上还是显蓝色。继续水解遇碘会经过蓝色——紫色——红色的过程，最后变到无色。

2.实验中所用的纪念邮票要求是没有使用过的。如没有纪念邮票，普通邮票也可代用，但效果要差些。

全国青少年校外教育活动指导教程丛书

你要记录

1.淀粉、糊精与碘的反应后的现象

	加水溶解后的现象	滴入碘酒的现象
淀粉		
糊精		

2.邮票背面的物质与碘反应后的现象

	加碘酒后的现象	判断是糊精还是淀粉
邮票浸渍液		

你会了解

　　1.淀粉、糊精与碘反应后，装有淀粉溶液的试管里呈_____颜色，装有糊精溶液的试管里呈_____颜色，原因是_____。

　　2.邮票背面的物质与碘反应后，试管内显示出_____颜色，邮票背面的胶状物质_____糊精。

　　1.通过查阅资料分析、讨论以下问题：

　　如果说糊精是淀粉水解的中间产物，那么淀粉水解的最终产物是什么？实现最终产物还需什么反应条件？如何用实验证明淀粉水解产生的最终产物？邮票背面胶粘剂为什么通常用糊精而不用淀粉呢？用糊精作胶粘剂有什么特点？

你回家后

　　2.自己设计一个小实验，实验内容是用面粉在沸水中调成的浆糊作胶粘剂。实验中应当注意以下几点：

38

①如何检验实验过程中产生的淀粉和糊精。

②在制作时，我们是否可以将较少量的面粉放在沸水中，用玻璃棒搅拌并煮沸一段时间，从而提高浆糊的质量呢？

③实验使用同样的水（100毫升）与不同质量（1克、2克、3克、4克等）的面粉制成的浆糊的黏性，用实验证明二者的最佳配比，分析原因。

3. 如果你收到一封信，信封上面贴有一张你非常喜欢的邮票，在一点也不损坏它的前提下，你一般用什么方法取下它？分析其中的科学道理。

资料卡

1. 生活中常见的淀粉能水解成较小的分子，成为易溶于热水、有良好黏性的糊精。在邮票的背面，人们涂有白色胶状的糊精等物质。

2. 从化学结构上看，糊精属于多糖物质，它的来源是淀粉。淀粉在受到加热、酸或淀粉酶作用下，其分子受热发生分解。分解时，淀粉的大分子首先转化成为小分子的中间物质——糊精，最后转化为麦芽糖。

3. 淀粉和糊精都能与碘反应，但前者遇碘显蓝色，后者遇碘呈紫色或红色，这是区别它们的方法。

4. 干糊精是一种黄白色的粉末，它不溶于酒精和乙醚，而易溶于水。糊精溶解在水中具有很强的黏性，可用于制药片、纸张和印刷油墨以及纺织品的上浆、胶水的配制等。

5. 生产上通常把淀粉质原料在高温、高压下进行蒸煮，使淀粉细胞彻底破裂，淀粉由颗粒状态变为液糊状糊精的过程就叫做原料的糊化。

淀粉转化为糊精的过程可用下式表示：

$$(C_6H_{10}O_5)_n \xrightarrow{加热} (C_5H_{10}O_5)_x \xrightarrow{酶或H^+} C_{12}H_{22}O_{11}$$

大分子淀粉　　　　　小分子糊精　　　　麦芽糖

十、预报天气阴晴的小风车

现在科学家利用一种新的技术，通过在水泥中添加二氯化钴的方法，研制气象水泥。这种水泥在天气干燥时呈蓝色，空气潮湿时呈紫色，下雨时则因吸收水分而变成玫瑰色。人们通过观察墙体的颜色，便可了解到天气变化的情况。你注意到化学实验室里的干燥剂也会变色了吗？这次活动我们就来探究一下其中的奥秘吧。

我们会提供

药品：硅胶干燥剂颗粒、二氯化钴试剂、食盐、糖、明矾、小苏打等。

用品：镊子、小烧杯、小喷瓶、吹风机、方形滤纸一张、铁丝一段（或者塑料吸管）。

你需要准备

杯子、剪刀、玻璃棒或筷子。

动手做起来

1. 观察硅胶干燥剂颗粒的实验

①在小烧杯中放几颗硅胶干燥剂颗粒，观察颜色。
②用喷瓶在上面喷水，观察颜色变化。
③用吹风机烘干试验用的颗粒，观察颜色变化。

2. 自制晴雨窗花

①自己用滤纸剪出漂亮的窗花图案。
②在窗花上喷些配制好的二氯化钴试剂。
③观察窗花的颜色变化情况。

3. 用滤纸制作成一个风车扎在铁丝上

①自己用滤纸做一个小风车。
②在风车上喷些二氯化钴试剂。
③观察风车的颜色变化情况。

 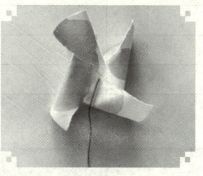

注意事项

化学试剂要由老师帮助加，
注意安全，实验结束后要洗手！

你要记录

1. 观察硅胶干燥剂颗粒

	颜色
硅胶干燥剂颗粒	
喷水后	
烘干后	

2. 自制能够预示晴雨的窗花的使用记录

日期	天气	晴雨窗花颜色	备注
月　日			
月　日			
月　日			
月　日			
……			

3. 自制能预示晴雨的风车的使用记录

日期	天气	晴雨风车颜色	备注
月　日			
月　日			
月　日			
月　日			
……			

你会了解

当天快要下雨时，喷过药水的滤纸就显现出_____颜色，风车比较_____；如果天气晴朗，红色的风车变成_____颜色的风车；原因是_____
_____。

1. 在班里成立一个天气预报小组，根据自制风车的变化和媒体公布的天气状况，每天记录天气状况，及时向同学们公布。

2. 开展一项科学研究，调整和研究这个"晴雨风车"对天气的预报现象，使之比较准确地表现天气情况。例如可以试验将风车放到朝阳、干燥的地方与放到阴面、潮湿的水池边有什么不一样？

3. 制作几朵同上试验一样的红花，完成同上的试验，看其他物质如食盐、糖等是否也可以做成"晴雨花"。

4. 设计几个小试验，尝试其他物质是否也有食盐的性质，用食盐与其他物质做多方面的对比，将实验研究结果填写在表中。

试验样品	食盐	糖	明矾	小苏打	其他
在水中的溶解速度					
测定的溶解度					
观察到的结晶情况					
……					

1.食盐晴雨花变色原理：食盐对水分的反应是很灵敏的。当天快要下雨时，空气中的水分增高，食盐就从空气中吸收大量的水分，花瓣就变湿润，吸墨水纸就显现出鲜红色。如果空气干燥（即水分很少），食盐就把以前吸收的水分渗出，使花瓣表面形成粉状的小粒子，鲜红色的花变成粉红色的花，说明未来天气是晴天。用食盐自制的这朵"晴雨花"要放在空气流通、阴凉的地方，因为这样它对天气变化才有灵敏的反应。

2.溶解度：是指在一定温度下，可溶物质在100克水中达到饱和时所溶解的克数。溶解度是衡量可溶物质溶解程度的一个标准。

3.六水氯化钴物性质：在空气中易潮解，热至120℃～140℃则失去结晶水而成无水物。$CoCl_2$呈蓝色，$CoCl_2 \cdot H_2O$呈蓝紫色，$CoCl_2 \cdot 2H_2O$呈紫红色，$CoCl_2 \cdot 6H_2O$呈粉红色，利用这一特性可以制作变色水泥。

4.在1张白画纸上涂一层二氯化钴的水溶液，然后以黄色水彩颜料，在上面作一幅秋景画。把这幅画挂在室内，当空气比较潮湿时，它呈现秋天的景色，当空气干燥时，二氯化钴失去水分后由粉红色转变为浅蓝色，此时浅蓝色和黄色的水彩颜料相互映辉，可呈现出春、夏天的绿色景象。

资料卡

十一、保护你的"钢筋铁骨"

青少年一般都喜欢运动，有的喜欢柔软的体操，有的喜欢跳越、攀爬、蹦高，还有的可以表演高难度的杂技。不知道你们是否发现，在我们进行各种活动时，一般没有发生骨头断裂的情况，有时我们甚至被狠狠地摔了一跤，爬起来也没什么大事。可是如果是上了岁数的老年人遇到这样的情况就大不一样了。有时老年人只是一步没有走好，被偶然扭了一下，或被轻轻摔倒，他们居然就会骨折。这到底是为什么？

希望同学们通过这次活动，探索人类骨头中的秘密。

我们会提供

药品：氯化钙溶液、磷酸盐溶液、磷酸溶液、稀盐酸（15%）。

用品：试管、酒精灯、镊子、烧杯。

你需要准备

大鱼的肋骨或大骨头的骨碎片（骨头最好是比较新鲜的）。

动手做起来

1.磷酸盐有什么作用

①取氯化钙溶液2毫升于试管中。

②滴入几滴磷酸盐溶液，观察现象。

③至出现沉淀后，再加入磷酸盐溶液，观察沉淀是否消失。

磷酸盐溶液

氯化钙溶液

2.验证骨头中是否有无机物

①用镊子夹住一根骨头，放在酒精灯上烧，烧到骨头变灰白色为止，观察记录现象。

②轻轻打击烧过的骨头，观察记录现象。

③轻轻打击未烧过的骨头，观察记录现象。

3.验证骨头中是否有有机物

①用镊子夹住一根骨头，放入盛有15%的稀盐酸的烧杯里，观察记录现象。

②过了一段时间后，再用镊子将骨头夹起来，把柔软的骨头用水冲洗干净，试把它弯曲或打成结。

③一块没有放入稀盐酸的骨头弯曲或打成结。

4.用不同的饮料如可乐、雪碧、茶水等浸泡鱼骨头，观察不同时间后的变化。

你要记录

1.磷酸盐的作用。

	滴加磷酸盐后	滴加磷酸后沉淀是否消失
氯化钙溶液		

2.在验证骨头中是否有无机物的试验中，你观察到的现象
有＿＿＿＿＿＿，你的结论是＿＿＿＿＿＿＿＿＿＿＿＿＿＿＿＿。

3.在验证骨头中是否有有机物的试验中，你观察到的现象
有＿＿＿＿＿＿＿＿＿＿＿＿＿＿＿＿＿＿＿＿＿＿＿＿＿＿＿，你的
结论是＿＿＿＿＿＿＿＿＿＿＿＿＿＿＿＿＿＿＿＿＿＿＿＿＿＿。

你会了解

　　骨头＿＿＿＿＿被烧，当我们将骨头的有机成分烧去了，剩下的是无机成分。无机成分韧性很＿＿＿＿，所以轻轻敲打就碎了。人类的骨头与上述试验相同。

　　稀盐酸能溶解骨头的＿＿＿＿＿成分，剩下的是骨头的＿＿＿成分，所以骨变得柔软了。人类的骨也是如此，含有＿＿＿＿＿成分和＿＿＿＿＿成分两部分，所以我们的骨头才具有一定的＿＿＿＿＿和弹性。

查阅资料，学习关于骨头成分的知识。

你回家后

1. 不同年龄骨头特点。青少年的骨头中有机成分含量多，而无机成分的含量少，所以骨头弹性好、易变形。由于老年人的骨头中无机成分含量多，有机成分含量少，所以老年人的骨头弹性差、容易骨折。

　　2. 骨骼的主要成分是磷酸钙。一般成人体内的含钙量是1000～1250克，其中99%集中在骨骼和牙齿中，其余约1%的钙存在于细胞内、细胞外液及血液中，称混溶钙。骨骼里的钙和骨骼外的混溶钙之间，存在着一种相互转变的平衡状态，就是骨骼的钙不断溶解变为混溶钙，同时，混溶钙又不断沉积成为骨骼。如果在相同时间里，钙溶解得多，而沉积得少，就会产生骨质疏松现象。

资料卡

十二、残茶巧利用

茶叶是中国一种传统的饮料，目前已经发展成一种文化活动。围绕着茶的话题，人们赋诗、绘画、吟诵、品茗，十分优雅、端庄。但是，很少有人关注在我们每次喝茶结束后，都会有许多茶叶残渣要处理。人们经常将茶叶残渣随手倒进厕所、下水道，造成排水道的堵塞，有时还因为长期淤滞造成茶叶残渣的腐败，污染大气和水源。

本次活动我们就通过几个小实验巧妙利用残茶。

我们会提供

药品：三氯化铁试剂。

仪器：托盘天平。

用品：酒精灯、石棉网、研钵、漏斗、小烧杯等。

你怎样做？

你需要准备

各种不同茶叶的残渣，晾晒干透。

动手做起来

1. 残茶余香

①各取一药匙不同种类的残茶。

②将残茶放在石棉网上，铺开。

③用酒精灯加热石棉网上的残茶。

④不断用铁药匙翻炒残茶，闻味道。

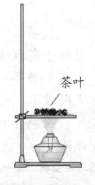

茶叶

49

2. 残茶吸水

①称量1克残茶，放于小烧杯中，编号。

②在小烧杯中倒入20毫升的水，搅拌，使其均匀吸水。

③过滤，置于滤纸10秒钟。

④称量残茶重量，对比计算哪种残茶的吸水性强。

3. 验证茶叶中存在单宁酸

①称量1克残茶，用研钵研磨成碎末，放进小烧杯中。

②在小烧杯中倒入20毫升水。

③过滤，取滤液5毫升，用胶头滴管向其中滴加三氯化铁试剂，看是否出现沉淀。

三氯化铁

滤液

你要记录

残茶巧利用

残茶种类	外观	加热后的余香	吸水性	怎样利用

你会了解

1. 将茶叶残渣晒干后制成茶枕头，不仅能去头火，而且对于高血压患者和失眠患者有辅助作用。

2. 将茶叶残渣撒在地毯上，用扫帚拂扫，茶叶残渣有吸附作用。能吸附水分，还能吸附尘土，能将尘土去除。

3. 将茶叶残渣放入冰箱中，茶叶残渣有吸附作用，可以除臭。

1. 利用残茶进行除味，试试，自己制作一个残茶包放在冰箱里，也可以放在鞋子里，晚上用，白天放在外面晾干，反复使用，比竹炭经济实惠，还环保呢！

2. 利用残茶进行驱蚊：将残茶放在电蚊香上或将蚊香片浸废茶水中代替蚊香片，进行驱蚊，试试效果。

3. 残茶去油。

①取残茶一药匙，用其清洗有油污的盘子。

②用洗碗剂清洗另一个油污量一致的盘子。

③用淘米水清洗第三个油污量一致的盘子。

④对比残茶和洗碗剂的去油效果。

残茶去油	用于去油的优势	用于去油的劣势
残茶		
洗碗剂		
淘米水		

4. 收集茶叶残渣，利用茶叶残渣进行堆肥，研究茶叶残渣对植物生长发育的作用。

①人工草作为研究对象，开辟两块实验地，一块加入茶叶残渣（A地），一块没有放茶叶残渣（B地），通过拍照、丈量、测量、统计、对比的方法，收集整理数据，并对收集的资料进行分析总结。

②以山茶花和月季花作为试验的对象，将茶叶残渣放在土壤中不同深度来研究茶叶残渣对植物排水能力的作用。

5. 茶叶残渣放在土壤中不同深度对月季花影响的实验结果。

位置	泥土上面，紧密围绕在根部周围	泥土中，根部以下
10天		
20天		
1个月		
3个月		

资料卡

1. 残茶制肥料：利用茶叶残渣进行种植并不是越多越好。茶叶残渣通过微生物进行发酵分解出植物容易吸收的养分，由于茶叶是碱性，当茶叶含量太高就会改变土壤的酸碱性，使土壤的pH值＞8（一般土壤的pH值是5.6左右），这远远高出大部分植物适宜生长的范围，就会出现这些植物的大部分叶子变黄并脱落的现象，因此利用茶叶残渣进行种植应该适量。

2. 叶子枯黄的原因：如果将茶叶残渣直接放在根部周围，由于茶叶残渣在发酵过程中会产生大量的二氧化碳，大量的二氧化碳聚集在根部周围，造成土壤温度上升，妨碍根部对养分和水分的吸收，出现根部缺水和缺氧的现象，养分和水分无法输送到叶子造成叶子变黄甚至脱落。因此茶叶残渣应该埋在泥土深处使它充分发酵，再通过根部将养分和水分输送到叶子，避免出现叶子枯黄的现象。

十三、会变脸的蔬菜水果

我们都吃过土豆，这是一种营养价值非常高的食品。在做土豆食品时，你是否注意到，切开的土豆表面很快会从白色变成紫褐色，煮熟后依然如故，影响了菜肴的外观。

这个褐色物质到底是什么东西？除了土豆，生活中还有苹果、茄子、香蕉、梨等也会发生这样的褐变现象，我们可不可以将褐色物质去除或防止褐色物质生成？本次活动将通过小实验来了解土豆被切开后的褐色问题，尝试找到解决这一问题的办法。

我们会提供

药品：氯酸钾、二氧化锰粉末。

用品：温度计、烧杯、集气瓶、试管（配有单孔橡皮塞）、玻璃导管、毛玻璃片、酒精灯、铁架台、铁夹、秒表、小刀。

你需要准备

茄子、梨、土豆、苹果、香蕉、橙子、桔子等。

动手做起来

1. 寻找会发生褐变的食品

①将带来的蔬菜、水果分别切下一小块。

②放置在培养皿里，与空气接触。

③5分钟后观察现象。

2. 防止土豆褐变的实验

①洗净一个稍大的土豆，削去皮，用刀切成小块状。

②在3个100毫升的干净烧杯中，分别放入块状土豆少许。

③在A烧杯中注入自来水，使浸没土豆，这样可使土豆与空气隔绝。

④在B烧杯中，注入80℃～100℃的热水（以浸没土豆为度），让土豆在热水中烫3～4秒钟，然后小心倒出热水。

⑤C烧杯中的土豆不作任何处理，放置在空气中作对照之用。把实验结果记录下来，分析实验现象。

3. 氧气对被切开土豆褐变的影响

请老师帮助我们准备一瓶氧气，或者请老师教我们制作一瓶氧气。方法如下：

①把氯酸钾和二氧化锰混和均匀（按3：1的质量比）放入试管中。

②用带有导管的塞子塞紧管口。

③把试管固定在铁架台的铁夹上，使试管口略向下。

④用酒精灯给试管热，不久，试管中即有氧气生成。

⑤用向上排空气法收集一瓶氧气。

⑥然后迅速往此瓶中放入少许切开的块状土豆并盖上毛玻璃片，使土豆处在高浓度的氧气环境中。观察土豆的褐变情况，与上述实验现象对比。

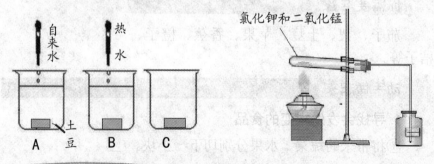

注意事项

小心不要切到手，使用热水时也要小心！

制氧气要注意检查装置气密性！在老师指导下进行！

你要记录

编　　　号	1	2	3	4
土豆切开后的处理方法	浸入水中	用热水烫	不处理	放入氧气中
5分钟后土豆块表面现象				
4小时后土豆块表面现象				

你会了解

除土豆之外，_____切开后在空气中放置也会变色的现象，原因是_____。

_____的方法可以将土豆表面的褐色物质去除或防止褐色物质生成。

切开的土豆浸没在水中或用80℃～100℃的热水烫一下，都能使土豆基本上不发黑，其中把切开的土豆浸入水中效果更好。

讨论：为什么把切开的土豆浸没在冷水中比用热水烫一下更能有效地防止土豆变色？

你回家后

资料卡

1.土豆为什么变色：土豆内具有生物活性的多酚氧化酶和多酚物质的含量比表皮多。在空气中氧气的作用下，多酚氧化酶使多酚物质变成紫褐色的醌类物质，我们称为褐变反应，这使切开的土豆很快变色。把切开的土豆与空气隔绝或破坏多酚氧化酶的活性，就能有效地阻止土豆变色。除了土豆以外，苹果、茄子等蔬菜水果都可以发生褐变反应。

2.褐变：食品中普遍存在的一种变色现象，尤其是新鲜果蔬原料进行加工时或经贮藏或受机械损伤后，食品原来的色泽变暗，这些变化都属于褐变。在食品加工过程中，适当的褐变是有益的，如酱油、咖啡、红茶、啤酒的生产和面包、糕点的烘烤。而在另一些食品加工中，特别是水果蔬菜的加工过程，褐变是有害的，它不仅影响风味，而且降低营养价值。

十四、破解密信

为了保密，在军事上常用密电码发报，收报的人再根据编好的译电码本来翻译，就可以知道电报的意思。而情报人员传递的情报——用密码写的字条，在一般人看来只是一张空白纸条，可到了情报员手中，他可以用化学的方法，把一张写了密码的空白纸条显出清楚的字迹来，情报就是这样以秘密的方法进行传递的。

我们会提供

药品：亚铁氰化钾、硫氰化钾、苯酚、硫化钠、铁氰化钾、酚酞、碳酸钠、三氯化铁、碘和碘化钾溶液（或碘酒）、硫酸铜、淀粉溶液（或稀米汤）。

用品：烧杯、胶头滴管、毛笔或棉签、图钉、喷雾器（若没有喷雾器，也可用喷雾式的旧香水瓶代替）。

你需要准备

稍厚而易吸水的白纸。

动手做起来

1.绘制密码写字画：在备好所需大小的白纸上，选用下列表中一种"密码写字画溶液"，用新毛笔蘸密写药水书写字画，如果需用另一种密写药水，则应另用一支毛笔来写。写好后把纸晾干则无痕迹。

各组密写药水、显色药水表

编号	密码写字画溶液	喷雾显色溶液
1	2%酚酞酒精溶液	15%～20%碳酸钠
2	15%～20%硫氰化钾	5%三氯化铁
3	5%硫氰化钾	5%三氯化铁
4	20%亚铁氰化钾	5%三氯化铁
5	2%淀粉（或稀米汤）	5%碘的碘化钾液（或碘酒）
6	15%～20%铁氰化钾	5%二氯化铁
7	饱和苯酚溶液	5%三氯化铁
8	5%硫化钠	10%硫酸铜
9	2%氢氧化钠	5%三氯化铁

2.喷雾显字画：把画好晾干的密码写的白纸钉挂在墙上或木板上，然后把表中相对应的一种"显色溶液"注入小型喷雾器内，将药水喷洒在白纸上，字画就一一显现出来。如果在同一幅纸上用几组密码字、显色药液，能喷出不同的色彩，更加壮观。

注意事项

应注意用密码写时要做好记号，以免颠倒。

喷药液时不宜喷得太多，以免液体流下，造成字迹模糊。

你要记录

请记录自制密信显色前后的变化：

编号	显色颜色
1	
2	
3	
4	
5	
6	
7	
8	
9	

你会了解

2%酚酞酒精溶液与15%～20%碳酸钠混合后，显示_____颜色；15%～20%硫氰化钾与5%三氯化铁混合，显示_____颜色；15%～20%铁氰化钾与5%二氯化铁混合显示_____颜色；5%硫化钠和10%硫酸铜混合，显示_____颜色。

上网查找或是询问专家是否还有其他密码写字画溶液和与之对应的喷雾显色溶液，自己动手做实验并观察记录下现象。

你回家后

资料卡

一个古老的把戏

以前有些道士或巫师利用姜黄素的特殊性质，用姜黄水来骗人骗钱。他们首先用酸性姜黄水浸泡黄色的草纸，再把草纸晾干备用。这些用姜黄水浸泡过草纸看起来和普通草纸没有任何区别。在道场上表演捉鬼时，这些道士或巫师比划着木剑，在纸上左砍一下、右砍一下，此时纸上没有任何反应。到达表演高潮时，他们会画一道符，烧了之后丢入一碗水中，并将此草木灰水（碱性）涂抹在剑上，再次挥剑朝草纸上砍去。这时草纸上会显示出一道类似于血迹的红色，于是道士或巫师们会说把"鬼"砍死了。

实际上，这是因为姜黄水具有特殊的显色作用。姜黄水溶液在酸性情况下显现黄色，在碱性情况下则显现红色，现代化学利用此性能将其作为酸碱指示剂。而在科学知识匮乏的古代，一些巫师却利用这个现象来欺骗大众，表演捉鬼把戏骗人钱财。

十五、彩色纸的制造

早在1800多年以前，我国东汉时期的蔡伦就发明了造纸术，纸的发明为人类文明的进步立下了一个辉煌的里程碑。现在，生活中处处要用纸，纸与人类的生活有着紧密的联系。但同时，造纸要消耗大量的木材，还要排放大量的污染物。因此，节约用纸、加强废纸的回收利用意义重大。我国废纸的回收率仅为20%，与一些发达国家60%相比还差得很远。在本次活动中，希望同学们能够学习用废纸制造彩色纸，懂得废纸回收的意义。

我们会提供

用品：烧杯、试管、玻璃棒、胶条、剪刀、胶水、弹簧秤、纱网(10cm×10cm)、塑料盒（底面积应大于纱网）、塑料布、干布等。

仪器：托盘天平。

你怎样做？

材料：黄色颜料——铬黄染料；

绿色颜料——铬黄与靛蓝调制；

紫色颜料——甲基紫或结晶紫；

白色颜料——钛白粉或锌白。

你需要准备

废纸、淀粉或少量面粉、各种纸的样品（新闻纸、画报纸、牛皮纸、挂历纸、复印纸等）、贺卡样品。

动手做起来

1. 了解我们生活中的纸

①分小组讨论我们生活中的纸。将收集到的纸样品贴在一张大纸上，向全班展示。

②将生活中纸用途填入表格中。

③分析哪个行业用纸量最大。

2. 统计自己拥有的纸或纸制品的质量

用弹簧秤称量自己手头所有纸或纸制品的质量，填入表格中。

如果生产1吨纸要用木材5.5立方米，生产1立方米木材要用6棵10年生树木，请计算：

①全班当天的纸张要用多少棵树？

②全校当天的纸张要用多少棵树？

3. 制作彩色纸

①打浆：将原料（废纸）撕碎并加入水浸泡后搅拌，应尽量使其均匀细腻，无块状物（有条件的可使用食品搅碎机，也可直接用玻璃棒搅拌）。

②漂白、洗涤：在制得的纸浆中加入漂白剂，并用水多次清洗（在实验室制备时此过程可省略）。

③加入添加剂：加入淀粉、颜料等添加剂。（烧杯盛入1/3纸浆以10克淀粉为宜）。

④捞纸：将纸浆均匀地铺展在纱网上，滤出水分。（此时纱网应平铺在塑料盒中）。

⑤压平、脱水：在铺平的纸浆上放一块塑料布，用圆柱形物体（如试管）在上面滚动，将水分挤压干净。（随时将水用干布拭去）同时将纸压平。

⑥烘干或晾干：将已成形的纸从纱网上取下，贴在玻璃或塑料布上晾干，也可熨平烘干。待纸干后（如自然干燥时间较长，大约一天），将自己的名字写在上面，进行评价。

以上为提示建议，同学们也可根据造纸的基本步骤和现有条件自行设计方法，并写出制备过程。

注意事项

1.废纸的选择要适当，应选择报纸或作业本纸一类的纸，太硬的纸不好打浆，太软的纸造出的纸太糙。

2.打浆前应尽量将废纸撕碎，再浸泡一段时间，打出的纸浆均匀、细腻。

3.在挤压纸浆时力量要适当，力量太大会使纸断裂；力量太小又会使制出的纸不够平整。压出的水应及时用布揩干。

4.制好的纸应及时从纱网上取下，否则铁纱网易生锈，而干燥后的纸也不易从纱网上取下。

你要记录

1.生活中纸的用途如下表：

领域	纸的类型	纸张特点
学习		
家庭		
社区		
邮政		
商店		

机关		
军事		
农业		
工厂		
其他		

2.称量自己手头所有纸或纸制品的质量，填入下表。

书本名称	数量（本或个）	质量（千克）
语文书		
数学书		
外语书		
作业本		
……		

3.将自己在实验中的计算结果记录下来：

_____

_____

你会了解

1.不同类型废纸的再利用途径表：

废纸类型	特点及用途
旧报纸类	
旧书籍杂志	
纸制品加工边角料	
包装纸类	
混合废纸	

2.贺卡与环境保护的关系。

如果每张贺卡重10克，则10万张贺卡重1吨，需5.5立方米木材。1立方米木材要用10年生树木5棵。因此每_____张贺卡需要1棵树。北京每年用掉3000万张贺卡，相当于砍伐_____棵树木。

1. 对自己制出的彩色纸作一评价，比较优劣。总结经验，找出不足，以利改进。

2. 为保证彩色纸的质量，从选料到每步生产过程应注意什么？能否设计出更好的方法来。

你回家后

3. 我国废纸回收率较低。请于课后对所在学校或家庭废纸回收情况作个调查，可对废纸的回收率作统计，发现其中存在的问题，提出改进意见。

资料卡

1. 回收1吨废纸所节约资源：原木700千克、煤400千克、烧碱300千克、水800吨。1吨废纸可生产800千克再生纸。

2. 纸的种类包括：

包装用纸——白板纸、白卡纸、牛卡纸、牛皮纸、瓦楞纸、箱板纸、茶板纸、羊皮纸、鸡皮纸、卷烟用纸、硅油纸、纸杯(袋)原纸、淋膜纸、玻璃纸、防油纸、防潮纸、透明纸、铝箔纸、商标、标签纸、果袋纸等。

印刷用纸——铜版纸、新闻纸、轻涂纸、轻型纸、双胶纸、书写纸、字典纸、书刊纸等。

工业用纸——离型纸、碳素纸、绝缘纸、滤纸、试纸、电容器纸、压板纸、无尘纸浸渍纸、砂纸、防锈纸等。

办公、文化用纸——描图、绘图纸、其他、拷贝纸、艺术纸、复写纸、传真纸、打印纸、复印纸、相纸、宣纸、热敏纸、彩喷纸、菲林纸、硫酸纸。

生活用纸——卫生纸、面巾纸、餐巾纸、纸尿裤、卫生巾、湿巾纸等。

特种纸——装饰原纸、水纹纸、皮纹纸、金银卡纸等。

十六、选购纸巾要精心

纸巾纸是我们生活中经常用到的一种消费品，别看纸巾不大，对它的要求高于卫生纸。如果我们用科学的方法研究它，我们会发现，生活中处处有学问。

纸巾按质量高低分为A、B、C三个等级，研究方法可以根据国际消费者组织通行的方法进行，试验项目有外观、定量、横向吸水性、抗张强度（纵横平均）、柔软度（双层纵横向平均）、洞眼、尘埃度、细菌总数、大肠菌群、致病菌等10项指标。我们可以根据自己的实际条件设计其中几项指标进行研究、对比、调查，使自己能够了解纸巾，正确选购纸巾。

我们会提供

仪器：托盘天平。

用品：烧杯、胶头滴管、铁夹子、尺子、弹簧秤、剪刀、秒表等。

你需要准备

采集3种不同品牌的纸巾、水。

动手做起来

1.观察纸巾纸的外观，看看皱纹是否细腻、洁净，记录下来。

2.测量一张纸巾的长宽，称量其重量（克数），计算一张纸巾的定量，判断其定量是否达到相应标准，记录下来。例如：

A级纸巾：12.0±1.0克/平方分米

B级纸巾：14.0±1.0克/平方分米

C级纸巾：16.0±1.0克/平方分米

3. 测量纸巾横向吸水性。

①将样品摊开摆平，在纸中间用铅笔做一个标志。

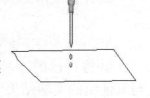

②用滴管向纸中心滴水，记录时间。

③观察水在纸上横向浸润的痕迹，记录100秒所走的距离（毫米）。

④比较纸巾是否达到吸水性标准。

4. 测量纸巾抗张强度（纵横向平均毫牛顿数）。

①取一种品牌的纸巾纸各2张，测量纸巾的长、宽厘米数（注意要排除胶条所占的宽度）。分别沿横向和纵向贴上胶条，如图1。

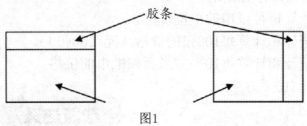

图1

②将纸巾沿横纹和纵纹分别叠起，在有胶条处用锥子或剪刀尖扎一孔。如图2。

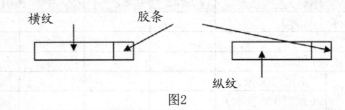

图2

③用弹簧秤钩住纸巾贴有胶条的一面（用锥子扎孔），用一只手握住纸巾另一头。

④握弹簧秤的手缓慢拉动，观察纵横向纸撕裂情况与弹簧秤上的读数（如果可以直接读牛顿数最好，如果不能直读可以将读出的千克数换算成牛顿数：牛顿数=千克数×9.8）。

⑤计算纸巾的纵横向平均抗张强度：

$$纵横向平均抗张强度 = \left\{ \frac{纵向牛顿数}{纵向长度（厘米）} + \frac{横向牛顿数}{横向长度（厘米）} \right\} \div 2 \times 10^{-3}$$

⑥将自己的样品互相比较，看看哪一种抗张强度好，也可与其他组的实验结果比较。因条件所限，我们没有采用国家检验的正规方法进行测量，但是我们可以参照国家标准进行比较：

中：　　纵横向平均抗张强度≤600毫牛顿

良好：　600毫牛顿纵横向平均抗张强度≤650毫牛顿

优：　　650毫牛顿纵横向平均抗张强度≤700毫牛顿

5. 检查纸巾洞眼：将纸巾摊平观察，数纸巾上完全穿通的窟窿数量，作好记录。

6. 检查纸巾的尘埃度：将纸巾摊平观察，观察纸巾上的黄黑点的数量，作好记录。

7. 计算每种纸巾的单位价格。

①统计和计算每100张的价格（元/100张）。

②统计和计算每10平方米面积纸巾的价格（元/10平方米）。

你要记录

将以上实验填表，再进行统计分析。

编号		1	2	3	国家标准
样品名称（品牌）					
生产单位					
规格（张数/包或盒）					
单位价格	（元/100张）				
	（元/10平方米）				
外观					
定量（克/平方米）					
横向吸水性（毫米/100秒）					
抗张强度纵横向平均毫牛顿数					
洞眼（个/平方米）					
尘埃度					

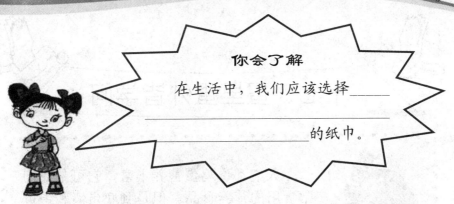

你会了解

在生活中，我们应该选择_____

_____

_____的纸巾。

1. 讨论纸巾是不是价格越高，质量越好。通过试验，你能不能得出"一分钱、一分货"的结论？

2. 对研究纸巾你还有什么更好的设计？

3. 完成一份关于纸巾纸质量的研究报告。

你回家后

4. 柔软度是衡量纸巾质量的一项指标。你能否设计一个比较不同纸巾柔软程度的实验方法？

5. 到市场上去调查纸巾的价格与质量的关系，将调查结果在班里公布。

资料卡

1. 纸巾外观：纸巾纸标准规定A、B、C三个等级。纸巾纸应起皱，皱纹应均匀细腻，在同一纸幅内不许有纵向条形粗纹。纸面应洁净，不许有明显尘埃、死褶、残缺破损、沙子、杂物等。不许有掉色、掉毛现象。不得有令人不愉快的气味。

2. 定量：定量也称克重、基重等。即每一平方米纸页的相应重量（克数），其单位是克/平方米。定量越高，纸张越厚。

3. 横向吸水性：横向吸水性是衡量纸巾吸水性能的重要指标。好的纸巾纸吸水性强。其标准规定普通型纸巾纸的横向吸水性不低于20毫米/100秒。

4. 纵横向平均抗张：强度指纸张的拉伸度（俗称拉力），这是纸张所能经受断裂时最大的负荷，是纸张纵向抗张强度和横向抗张强度的平均值。

十七、蛋里蛋外皆学问

人们都说鸡蛋营养丰富，它可是我们常食用的营养食品。但是到底蛋清和蛋黄都富含什么营养？我们在食用和烹调中有什么需要注意的事项呢？我们怎样研究蛋里蛋外的科学？

我们会提供

药品：三氯化铁浓溶液、硫化钠浓溶液、盐酸稀溶液、碳酸钙固体。

用品：蒸发皿、玻璃棒、试管、烧杯、试管夹、试管架、胶头滴管、电炉。

材料：木炭或卫生香若干。

你需要准备

1枚鸡蛋。

动手做起来

1. 捕捉藏在蛋中的铁

①打开鸡蛋，将蛋黄和蛋白各分离在两个烧杯内。

②取蛋黄和蛋白各2～5毫升，分别放于试管中。

③将试管放入盛有沸水的250毫升烧杯中，水加热3～5分钟至蛋白和蛋黄分别凝固。

④将5滴硫化钠溶液滴在已经凝固的蛋黄和蛋白上，再加热30秒后取出放入试管架，观察两个试管里发生的颜色变化，看看蛋中的铁元素主要藏在蛋黄里还是蛋白里。

2. 捕捉藏在蛋中的硫

①取蛋黄和蛋白各2～5毫升，分别放于试管中。

②将试管放入盛有沸水的250毫升烧杯中，水加热3～5分钟至蛋白和蛋黄分别凝固。

③滴入10滴三氯化铁浓溶液。再继续加热3分钟，同时取出放入试管架。判断蛋中的硫元素主要藏在蛋黄里还是蛋白里，将试验结果记录下来，并作一定的分析。

3. 捕捉藏在蛋壳中的钙

①将鸡蛋壳上一层膜去掉，用水洗净后掰成小块。

②将处理好的鸡蛋壳放入试管，另取一试管加入少量的碳酸钙。

③在两个试管中加入3毫升稀盐酸，观察现象。

④将点燃的木炭或卫生香放在两个试管口，检验是否有二氧化碳气体出现。

⑤通过现象分析鸡蛋壳的成分。

实验样品 加入药品	蛋黄	蛋清	蛋壳	碳酸钙
硫化钠				
三氯化铁				
盐酸				

你会了解

1. 鸡蛋黄中的铁元素可以与硫化钠发生反应，生成黑灰色的硫化铁。

2. 蛋白中的硫元素可以和三氯化铁发生反应，也生成黑灰色的硫化铁。如果鸡蛋放置时间太长而不够新鲜，或者煮的时间太久就会在蛋黄和蛋白交界处生成墨绿的硫化铁。这可以初步判断鸡蛋变质，提醒我们存放和煮食鸡蛋的时候要注意。

3. 鸡蛋壳的主要成分是碳酸钙，可以与稀盐酸发生反应。

查阅资料，了解红皮鸡蛋与白皮鸡蛋在营养上是否有区别？

你回家后

1. 蛋白质因加热、放置时间太长等原因释放出化学物质硫化氢。硫化氢能与蛋黄中的铁发生化学反应，生成硫化铁。

2. 检验蛋黄中的铁元素反应：

$$Fe^{2+} + S^{2-} = FeS \downarrow$$

检验蛋白中的硫元素反应：

$$2Fe^{3+} + 3S^{2-} = Fe_2S_3 \downarrow$$

资料卡

十八、探秘蜂蜜

蜂蜜是一种营养丰富的食品，深受大家的喜爱。但是你们了解蜂蜜吗？你购买的蜂蜜是否优质可靠？蜂蜜中有没有掺假问题或变质问题？什么样的蜂蜜才是好蜂蜜呢？下面我们赶快来一次蜂蜜探秘吧！

我们会提供

药品：碘酒。

用品：玻璃棒、酒精灯、火柴、试管、试管夹、筷子。

材料：蜂蜜样品。

你需要准备

卫生纸或纸巾若干，家里买的蜂蜜。

动手做起来

探秘一：纸上的蜂蜜

用玻璃棒或筷子取少量蜂蜜样品于一张卫生纸上，观察蜂蜜散开情况，记录结果。

探秘二：蜂蜜遇碘酒

①制备稀释蜂蜜液：用胶头滴管吸取1毫升蜂蜜样品于一支试管中，再加入2～3毫升水。

②加热稀释蜂蜜液：用酒精灯加热稀释后的蜂蜜液至沸腾后停止加热。

③蜂蜜遇碘液：在冷却后的蜂蜜液中滴入碘酒，观察现象，记录结果。

探秘三：蜂蜜的黏稠度

蜂蜜用玻璃棒或筷子挑起蜂蜜样品，观察现象，记录结果。

探秘四：辨别真假蜂蜜

用玻璃棒或筷子蘸少量蜂蜜样品，从上往下慢慢滴一滴后，注意观察回弹现象，得出结论。

你要记录

样品情况记录表

地点		探秘者		样品采集地点	
时间		样品数目		样品品牌	

你会了解

优质的蜂蜜和劣质的蜂蜜除了口感有区别，我们还可以用其他的方法来区别。

优质蜂蜜聚在柔软的纸上，不扩散。加入碘酒以后不变色，而且比较黏稠有弹性。

劣质蜂蜜在纸上可能扩散，甚至在旁边会出现水印，是因为在蜂蜜中加入了水和蔗糖。如果在加入碘酒后出现了蓝色，说明为了增加黏稠性而加入了淀粉。在滴落实验中不会回弹成球，而是稀稀拉拉成一根细丝或直接断开。

实验判断标准参考				
蜂蜜样品	纸上蜂蜜	蜂蜜遇碘酒	拉丝的蜂蜜	滴落的蜂蜜
1				
2				

关于蜂蜜我们还可以做很多的探秘，想一想你还可以做什么呢？

1.分析为什么在滴落实验中好蜂蜜会回弹成一个小球？生活中还有哪些情况与之相似。

你回家后

2.根据蜂蜜的性质及其中所含物质，你还可以设计什么新方法来鉴别蜂蜜的真假。

3.你是否可以开展一定范围的调查，了解周围人对蜂蜜知识的掌握程度。

4.向社会宣传你的研究成果，尤其是真假蜂蜜的鉴别方法。

5.调查周围商店售出的蜂蜜质量。

资料卡

1.蜂蜜中含有75%左右的葡萄糖和果糖，在这两种糖类中一半以上是果糖。另外，它还含有20%左右的水分和少量蔗糖、蛋白质、无机盐、有机酸和酶类物质，如淀粉酶、蔗糖酶。

2.蜜源不同，蜂蜜的颜色和质地也不同，有白色、黄色、琥珀色；有黏稠液体，也有凝固脂肪一样的固体。一般以颜色泽白、淡黄或琥珀色、半透明液体或纯净的凝脂状、甜味纯正爽口者为好蜂蜜。

3.蜂蜜主要用在饮料和中药中。如果放在冰箱中保存，因温度过低，常常发现底部有黄白色的结晶沉淀。这是葡萄糖的结晶，并不影响正常食用。但如果用于中药，可能会降低效果。

4.日常保存蜂蜜时，应当将蜂蜜瓶的盖子密封，储存在荫凉处，经常检查瓶口周围有无霉迹。如果有，要及时清除。如果蜂蜜轻微变酸，可以用60℃加热30分钟，冷却后可以继续食用。如果蜂蜜已经严重变酸，说明已经有大量微生物活动，已经变质了，就不能食用了。

十九、舞文"弄墨"

中国是第一个使用毛笔和墨汁进行书写的国家。很早以前，我国已经发明和使用墨了。中国墨驰名世界，不仅是由于它色彩浓郁，更主要的是它不怕风吹和日晒，永不褪色，是书写重要文件的最好用品之一。

中国墨的原料主要是由木材或者烟煤、灯油、松香等不完全燃烧得到的烟黑。烟黑的化学性质非常稳定，不易和其他化学药品起作用。

让我们尝试自己动手，用炭块作原料制墨。

我们会提供

用品：玻璃杯、竹筷、研钵。

仪器：托盘天平。

材料：炭块、水、胶水（树胶、白明胶等的溶液都可以）。

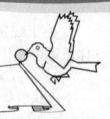

你怎样做？

你需要准备

毛笔，宣纸一张。

动手做起来

1. 取25克炭块磨成粉末成炭粉，取一只加入大半杯水的玻璃杯，在其中把炭粉倒入杯中，用竹筷加以搅拌，你是不是得到一杯浓黑的"墨汁"？它和我们用墨在砚台里磨出的墨汁是否相似？

2. 尝试用上面"墨汁" 来写字，你觉得是否可用？

3. 用竹筷把玻璃杯中的"墨汁"剧烈搅拌，稍待片刻，把溶液倒入另一玻璃杯中，弃掉下沉粗颗粒的炭粉。

4. 在玻璃杯中倒入1/4杯浓度在20%以上的胶水（树胶、白明胶等的溶液都可以），再搅拌和观察。你发现了什么现象？

5. 探讨控制炭粉质量不同，在什么情况下制得的墨汁效果比较好？

6. 用其他胶（松胶，肉皮胶，米粥）制作墨汁，进行比较。

没有加入胶水的墨汁和制作完毕后的墨汁写字有什么区别？记录下自己设计的墨汁配方：

编号	炭粉质量（克）	胶水量（%）	用胶种类
1			
2			
……			

用不同配方制作出来的墨汁写字有什么区别？看看谁的配方是最好的？

全国青少年校外教育活动指导教程丛书

你会了解

1. 炭粉和水相混，就好像砂和水相混一样，很容易清浊分明。我们仅仅用炭粉做成的"墨汁"没过多久，它上部的墨色就要变淡，时间久了，又出现半透明的清液，然后炭粉沉淀，上半部的水也澄清了。

2. "墨汁"不容易产生沉淀。如果炭粉足够细，胶水又足够浓，那么这杯墨汁也就很稳定，不容易出现沉淀现象了。

用不同胶制作了几种墨汁，现在你可以舞文弄墨了。看一看哪种配方的墨水写出来效果最好？有没有墨汁在使用过程中散发出味道，想一想这是为什么呢？

你回家后

制作墨水的原理在自然界中常常可以看到。例如浑浊不清的河水中，有着各种高分子胶体，它们把水中的黄土粒子紧紧包裹住，使它们不容易聚沉而是浮悬在水中。照相底片的生产就是用这个原理，先让药物（原料）在白明胶的溶液中进行化学反应，生成不溶于水的感光剂，这样使感光剂均匀地分布在白明胶中，成为较稳定的胶体，再把它涂抹在片基上，最后经其他手续处理，烘干后即成为照相软片。

资料卡

二十、一次性筷子再就业

一次性筷子是我们生活中非常常用而且方便的物品，但在给我们带来方便的同时却也造成了林木资源的浪费。对于回收的一次性筷子还有什么利用价值呢？你可以试一试。

我们会提供

仪器：电子天平、托盘天。
用品：试管、试管夹、酒精灯、蒸发皿、烧杯、导管、橡皮塞。

你需要准备

一次性筷子。

动手做起来

实验一：干馏

①组装好实验装置，将一次性筷子掰成5厘米左右的小段后，放入试管。

②将一次性筷子加热，会发现有液体产生，会发现产生了木煤气、水、木炭和木焦油。让流出的液体滴在一张叠成4层的废报纸上。

③当试管中不再流出木焦油后就可以停止加热了。

④将报纸晾干，并取出已经成为木炭的一次性筷子焦炭。

实验二：燃烧木焦油

①将浸有木焦油的报纸裁剪成长4厘米、宽2厘米大小的纸条，并取一块同样大小的普通报纸。

②将两张纸在中间折一下，成为V字形，架在石棉网上。

③同时点燃两张纸，观察现象并对比两张纸燃烧的速度。

实验三：燃烧木炭

①取一根加热后得到的木炭，并取一根长度相当的一次性筷子。

②同时点燃，对比木炭和一次性筷子的燃烧速度。

实验四：木炭的吸附性

①取一截木炭，放入研钵，研磨成粉。

②将3毫升酱油和10毫升蒸馏水混合成有色试剂。

③将木炭粉加入有色试剂，充分进行搅拌。

④将搅拌后的液体过滤，观察过滤后得到的液体。

你要记录

	火焰	燃烧速度	分析
木炭			
一次性筷子			
木焦油报纸			
普通报纸			

你会了解

1. 根据实验，我们可以发现将一次性筷子加热后，会生成四种新的物质，分别是：木炭、木煤气、木焦油和水蒸气。前三种物质都可以作为燃料，但是它们的燃烧特点并不相同，可以用于生活中不同的用途。虽然一次性筷子也可以直接燃烧，但是通过加热后的产物使它们可以得到更充分的利用。

2. 木炭的表面积很大，具有吸附性。所以可以用于净水等工作。有一种经过特殊处理的木炭叫活性炭，吸附能力非常强，广泛用于过滤水中杂质，净化空气等用途。

开动脑筋，想一想用过的一次性筷子还可以有什么用途？在生活中还有哪些没有被人们加以利用的资源呢？

你回家后

资料卡

目前主要有一次性木筷和一次性竹筷。一次性筷子由于卫生、方便受到餐饮业的青睐，但是一次性木筷造成大量林地被毁的问题日益凸显。中国市场各类木制筷子消耗量十分巨大，其中每年消耗一次性木筷子450亿双（约消耗木材166万立方米）。每加工5000双木制一次性筷子要消耗一棵生长30年杨树，全国每天生产一次性木制筷子要消耗森林100多亩，一年下来总计3.6万亩。而且劣质木筷并不干净，只是给人一种卫生的错觉。

而一次性竹筷由于是用可以再生的竹子制作，经济又环保，越来越被广泛使用，我国还利用出口退税的优惠政策，鼓励用一次性竹筷代替一次性木筷出口，减少木材的使用，保护森林。

二十一、色素赛跑

植物通过叶子接收阳光并转化为其他能量，我们称之为光合作用，这是自然界能量循环中的重要一步。大部分的叶子在春夏都是绿颜色的，而到了秋季却变得五颜六色，这其中有什么秘密呢？与光合作用又有何联系呢？

我们会提供

药品：95%酒精。

用品：滤纸、饮料瓶子的瓶盖、玻璃瓶、研钵、剪刀、牙签。

你需要准备

深绿色的叶子（可以是菠菜叶子或油菜叶子等水分比较充足的叶子，方便实验的进行。）

注意事项

滤纸卷的底边要水平，这样可以保证得到更好的实验效果。

动手做起来

1. 制备绿叶酒精浸出液

①取深绿色的叶子3～4克，在研钵中研磨。

②加入酒精5毫升，并继续研磨，直至酒精呈绿色为止。

2. 分离叶子中的颜色

①在一张滤纸的中心画一个圈（如图）沿虚线剪开。

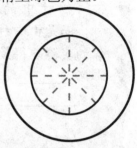

②将扇形折到与滤纸成90°角，用牙签蘸滤液1～2滴，滴到扇形的一边。

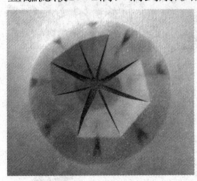

③取酒精（95％）约2毫升，倒在干净的瓶盖里。

④将滤纸插在瓶盖中，外面罩上玻璃杯，以减少纸上酒精蒸发。

⑤观察酒精在滤纸上升的时候，滤液有什么变化？

你要记录

在分离的过程中，出现了＿＿＿＿＿＿＿＿＿种颜色的色带，从上至下分别为＿＿＿＿＿＿＿。

你会了解

树叶中的色素并不是只有一种，而是由四种不同的物质组成的。你的实验跑得最快的是_____，第二名_____，第三名_____，第四名_____。

从网络上查询有关"常青树的常青秘密，红叶中的花青素，针叶植物与阔叶植物的区别"等知识，进一步拓展自己的知识。

选一株生活在户外的植物，观察它的叶片从发芽到枯黄落下的全过程。量一量不同时期的大小和厚度，仔细观察颜色的变化，通过这些观察到的资料，还可以发现植物的哪些生理特点？

你回家后

结合植物在秋天树叶颜色发生的变化。我们可以知道在春季和夏季，叶片中含有大量的叶绿素a和叶绿素b。而到了秋季，温度下降、日光减弱。叶片不能合成叶绿素，所以叶片就变成了叶黄素和胡萝卜素的颜色了。到了冬季，所有的色素都不能进行光合作用。植物为了减少叶片造成水分的蒸发，所以会令树叶脱落，在新的一年重新发芽。

资料卡

二十二、顽固的口香糖

口香糖是一种大家非常爱吃的零食，但被扔弃的口香糖残胶却容易黏在其他物质上，难以去除。残胶的成分到底是什么？我们可以用什么方法去除它呢？通过以下试验（也可自己设计一些试验），了解残胶的性质，找到处理它的好方法。

我们会提供

药品：盐酸、碱液、四氯化碳、75%酒精。

用品：试管、酒精灯、火柴、烧杯、三角架、石棉网、玻璃棒、坩埚钳或镊子、试管夹、滴管。

材料：锌粒或小铁钉、毛线或头发少许。

你需要准备

口香糖的胶基一块(可嚼食一块口香糖,将剩下的残胶留下备用)。

全国青少年校外教育活动指导教程丛书

动手做起来

1. 腐蚀试验

酸、碱都有较强的腐蚀性，对比它们对胶基和其他物质的影响。

①酸腐蚀：取两支试管，一支加入黄豆粒大的胶基，另一支加入一小粒锌粒或小铁钉。两者同时加入10滴盐酸，观察锌粒（或铁钉）以及胶基的变化。分别给两个试管加热，观察比较胶基和金属的变化。

②碱腐蚀：取两支试管，一支加入黄豆粒大的胶基，另一支加入一小段纯毛毛线或一些头发。两支试管中各加入碱液10滴，观察两者的变化。

2. 灼烧试验

用坩埚钳或镊子夹一小块金属片，把口香糖胶基放在上面，拿到酒精灯上灼烧，观察胶基的变化。

3. 溶解试验

取两支试管，各加入一粒胶基，一支试管中加入酒精10滴，另一支中加入四氯化碳10滴，用玻璃棒搅拌，观察溶解情况。

4. 黏性试验

①拉丝试验：将一小块胶基拉丝，试验可拉多长。
②自行设计试验，把口香糖胶基粘在布、玻璃、水泥地、塑料布及纸片上，待稍干后，设法将其取下，想出较好的方法，可否处理得干净。

注意事项

1. 酸、碱有较强的腐蚀性, 使用时应特别注意, 如不小心弄到皮肤上应及时用清水冲洗。用过的残液应妥善处理, 不要随意倾倒。

2. 四氯化碳有一定毒性, 平时不能随便使用。

3. 活动后认真清理场地及工具, 不要污染环境。

你要记录

请根据观察到的现象填写下表。

被检验物质	加入试剂及试验方式	现象	结论
口香糖胶基	盐酸10滴, 加热		
锌粒			
口香糖胶基	碱液10滴, 加热		
毛线或头发			
口香糖胶基	灼烧		
	酒精		
	四氯化碳		
	拉丝试验		
	黏性试验		

你会了解

1. 胶基在酸、碱、灼烧、酒精等环境下并不容易降解或溶解。

2. 口香糖虽然溶解于四氯化碳,但四氯化碳有毒,不适宜在公共场所大面积使用。

3. 清除口香糖残渣是一件费时费力的工作,口香糖残渣带来的环境问题有: _____

_____。

1. 尝试着用生活里可以接触到的工具清除一块已经黏在地上或其他地方的口香糖胶基。

2. 从网络上查阅有关"口香糖的发明,环保口香糖,清除口香糖残渣,正确食用口香糖的方法"的相关资料。

你回家后

南京财经大学食品科学与工程学院的杜倩雯、康杰、王常乾等同学利用玉米淀粉加工厂的下脚料———玉米黄粉来加工口香糖胶基,同学们还在口香糖里添加了螺旋藻、棉籽糖等成分,使口香糖可以在自然界降解还具有了保健功能。

资料卡

二十三、探究袜子材料

我国缝制袜子的工艺至少已有两千年以上的历史，比欧洲国家要早得多，中国是当之无愧的袜子鼻祖。中国古代的袜子称为"足衣"或"足袋"，是用熟皮和布帛做的，富贵人家可穿丝质的袜子，是一种身份的象征。现在袜子已经是我们生活的必需品，袜子材料也越来越舒适，我们就来参加关于袜子的研究，了解袜子材料，科学地认识生活中的实际问题。

我们会提供

药品：酸、碱。

用品：烧杯、胶头滴管、试管、剪刀、弹簧秤、线绳。

你需要准备

已经穿旧、弹性消失的袜子（要洗净），已经穿过但弹性尚好的尼龙袜，分不清材料的袜子若干。

动手做起来

1. 袜子的手感

比较自己手中采集到的袜子样本，摸一摸，拉伸一下感受不同的袜子之间有什么不同。

2. 袜子材料的回弹性

①选取两种用不同原料制作的袜子，各取长5厘米、宽5厘米一段样品。

②将样品一端用绳线系好，挂在弹簧秤上，一手拉动样品，拉至极限位置后，记录长度，然后松手，观察样品的回弹情况，记录长度。

③将各种样品的回弹性进行比较。

3. 袜子材料的吸湿性

①取2种以上不同品种、大小一样的袜子样品，分别放入烧杯中。

②在烧杯中加入10毫升水，将样品浸透。

③将样品从水中取出至不滴水为止，测量烧杯中剩余水的体积。

4. 袜子材料的成分分析

①取各袜子样品1厘米左右大小的2块，分别放入到2支试管中。

②在2支试管中分别加入稀盐酸和稀碱溶液中。

③稍加热后观察样品的变化，记录结果。

④分析材料的成分。

你要记录

	回弹性	吸湿性	酸碱稳定性
锦纶			
涤纶			

你会了解

1. 锦纶的回弹性、吸湿性、酸碱稳定性都好于涤纶。虽然价格上比涤纶要贵，但是可以使用的时间也长。

2. 在选购袜子的时候，不应该仅仅关心价格和样式，材质以及质量才是最重要的因素。

1. 看看自己的袜子是什么材质的？记录一下锦纶和涤纶的袜子可以使用的次数存在什么差异。

2. 所用到的实验方法，可不可以用于其他衣服面料的测试呢？如果可以，找一些其他的面料进行测试，与锦纶和涤纶进行比较。

3. 查阅合成纤维、人造纤维等方面的知识。

你回家后

资料卡

1. 锦纶袜与涤纶袜的鉴别

鉴别项目	锦纶袜	涤纶袜
手感	初始模量低、回弹性好，手感柔软弹性好	初始模量高，回弹性较锦纶低、手感发硬
穿着舒适感	吸湿性为4.5%，吸湿性和透气性比涤纶好，柔软、舒适	吸湿性低，只有0.4%，透气性比锦纶低，穿着脚气排不出来

化学稳定性	耐碱，不耐酸	耐酸，不耐碱
价格	一般较高	档次较低，价格为锦纶的30%～50%
颜色	易染色，色调鲜艳明快	易褪色，色暗，不鲜艳，深色居多

2. 初始模量

指纤维受拉伸时，长到原长1%时所需的应力。它表示纤维的柔软性的强与弱。

3. 回弹率

回弹率指纤维被拉伸到一定长度（一般为纤维加以初负荷时长度的3%或5%），然后除去负荷在2分钟内形度恢复的性能。纤维的这种性能，对于织物和加工物品使用中的变形、起皱和损坏程度有很大影响。

4. 吸湿性

吸湿性指商品在潮湿环境中吸收水分，在干燥环境中放出水分的标准。纺织纤维中水分的饱和含量占干燥纤维重量的百分比就是吸湿率。

棉纱	粘胶	维纶	锦纶	晴纶	涤纶
8.5%	13%	5%	4.5%	2%	0.4%

以上可以看出，锦纶的吸湿率不如天然纤维及人造纤维，但在合成纤维中，远远高于涤纶。

资料卡

二十四、酸酸西红柿

西红柿又称番茄，国外又叫"金色苹果"。西红柿有很高的营养价值，平均500克西红柿中含有52毫克维生素C，相当于1250克苹果、1500克香蕉、2200克梨的含量。尤其难得的是西红柿在烹调时，维生素C的破坏较少。这是因为西红柿带有酸性，有保护维生素C的作用。

本次活动我们要对西红柿的酸性作一些研究。

我们会提供

药品：稀氢氧化钠溶液、无水乙醇、浓硫酸、铜片、锌片、锌粒、蓝色石蕊试纸、pH试纸。

仪器：灵敏电流计。

用品：胶头滴管、烧杯、试管、量筒、试管夹、酒精灯、刀、纱布、滤纸、毛笔、白纸、导线。

你需要准备

半熟的小西红柿（又称圣女果）五个和一个半熟的大西红柿。

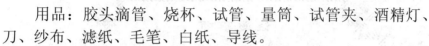

动手做起来

1. 测试西红柿的酸性

一只半熟的西红柿，洗净后剥皮，用刀切成小块后包入两层纱布中挤压。挤出的液体经滤纸或多层纱布过滤，得纯净新鲜的西红柿汁，将它盛入烧杯中。用胶头滴管吸取一些西红柿汁，滴在pH试纸上。试纸变成什么颜色？西红柿显什么性？在试管中盛约5毫升西红柿汁，逐滴滴入稀氢氧化钠溶液，控制好用量，用pH试纸可测得汁水将变为中性。在另一个盛有5毫升西红柿汁的试管中，放入少量的镁条，用试管夹夹住试管，在酒精灯火焰上略微加热后，可以看到什么现象？为什么？

2. 测定西红柿中的有机酸

用毛笔蘸取西红柿汁，在白纸上写些字或画幅画，让它自然干燥，这时几乎看不出白纸上有什么痕迹。将白纸放在酒精灯的火焰上方稍稍烤一下，很快白纸上就会有什么颜色的字迹或图画？为什么？

3. 制作西红柿电池

取一个大的半熟西红柿，相隔一定距离，插入一片铜片和一片锌片，铜片和锌片的上端用导线与灵敏电流表相连。可以看到灵敏电流表的指针有较大的偏转，说明做成的西红柿电池中产生了电流。在西红柿电池中，插入的锌片也可用铁片来代替。如把几个西红柿电池串联或并联，可以提高电池电压或电流。

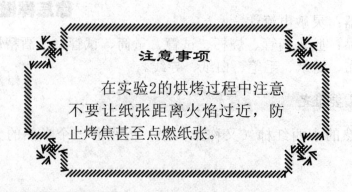

注意事项

在实验2的烘烤过程中注意不要让纸张距离火焰过近，防止烤焦甚至点燃纸张。

你要记录

请根据观察到的现象填写下表。

编号	试验内容	试验现象	结论
1	西红柿的酸碱性		
2	西红柿汁被氢氧化钠中和		
3	西红柿汁与镁条		

实验2，加热的番茄汁变成了_____色。

实验3，西红柿电池提供了_____微安培(μA)的电流。

你会了解

1. 在番茄中含有大量的酸性物质，可以防止在加热中维生素C被破坏。

2. 酸可以和酒精等醇类物质生成酯类物质。一般的酯类物质都带有芳香味，我们在水果中闻到的香味大部分来源于酯类物质。

查资料了解西红柿生吃和熟吃有什么区别？适合和什么食物一起烹调呢？

你回家后

1. 西红柿属茄科，一年生草本植物，老家在南美洲秘鲁的丛林幽谷之中。由于它的枝叶有股难闻的气味，所以曾经在很长时间里人们认为它是有毒物，尽管它长的艳丽无比，但无人敢吃。印第安人甚至叫它为狼桃，认为只有狼才敢吃。后来到了16世纪，一位英国公爵到南美洲游玩，发现了西红柿并带回送给女王，西红柿才在欧洲传开。

2. 西红柿中含有多种有机酸，这些有机酸具有羧酸的特性，受热后容易分解出黑褐色的游离碳。

3. 西红柿汁在浓硫酸的作用下，能与乙醇起酯化反应，生成具有水果香味的酯类物质。

4. 西红柿中的酸性物质在遇到镁、锌等活泼金属时可以发生化学反应，生成氢气。

资料卡

二十五、黑色铅笔写彩字

生活中使用的电源有交流电和直流电两种。电灯、电影、电视、电炉等用的是交流电，而电子琴、电子手表、手电筒、半导体收音机等一般用的是直流电。电在生活中的广泛用途是不言而喻的。但是听到电还可用来写字，也许你会不相信吧，可这是千真万确的事情。通过电的作用，用一支普通铅笔，在白纸上竟能写出红色的字。

我们会提供

药品：蒸馏水、无色酚酞溶液、食盐。
仪器：托盘天平。
用品：玻璃杯、玻璃棒、白纸、导线、量筒。

你需要准备

干电池2～4节，两头削尖的铅笔，金属废旧饼干盒或月饼盒。

动手做起来

1.在一个玻璃杯中，放入5克食盐，再加进150毫升蒸馏水和十几滴无色酚酞溶液。
2.用玻璃棒搅拌使食盐溶解，得到无色透明的食盐酚酞溶液。

3.把一张白纸浸入玻璃杯中，待纸浸透后取出，平放在废旧饼干盒上。

4.取2～4节干电池，将它们串联起来，并用导线把电池的正极接在铜片上，负极接在一支两头都削尖的铅笔的一头上。

5.用铅笔的另一头轻轻地在浸湿的白纸上写字，铅笔所到之处，竟出现了十分醒目的红字。

6.如用铅笔在白纸上画图，那么呈现在你面前的将是一幅别致的红色水彩画。

7.用碘化钾、淀粉溶液浸透白纸，然后再把铅笔与铜片的电极互换一下，就能写出蓝色的字。如把白纸放在碘化钾、淀粉、酚酞的混合液中浸透，根据需要，随时改变铅笔与铜片的电极，能写出红、蓝双色的字。

注意事项

1.实验所需的废金属板要十分平整，否则将影响字和画的质量。

2.在白纸上写字的铅笔头不要削得太尖，以防写字时戳破白纸。

3.整个电路的连接一定要正确，反之将写不出红色的字来。

你要记录

在老师的指导下，画出电路图。

你会了解

　　溶于水的物质会在水中解离成离子状态，并不是和固体一样拥有稳定的结构。比如我们吃的食盐（NaCl），在水中就会水解为钠离子和氯离子，这两种离子可以在水中自由地移动。所以在水中发生的化学反应会比较迅速。

　　在这些溶液里通电，会发生电解反应，电解反应会在正极和负极生成一些单质。本实验就是利用这个原理进行的。

用小灯泡、电池、电线连成一个简单的电路，将两根导线的两端插入纯净水中，观察小灯泡是否发光。再用自来水试一试，发现有什么不同？

你回家后

实际上，纯净的水是不导电的，只有在掺入了一些离子以后，才可以通过这些自由移动的离子导电。

在网络上查阅有关"绝缘体、导体、半导体"的知识和应用。

铅笔虽然叫铅笔，但实际上只有最开始是用铅来制造铅笔芯的。现在的铅笔芯是由石墨和黄土按比例混合后的产物。加入的黄土越多，铅笔芯就越硬，颜色越浅，用H表示，H越多就是黄土越多。而加入的石墨越多，铅笔芯就越软，颜色越深，用B表示，B越多就是石墨越多。

石墨的导电性能非常好，而黄土却不那么出色，所以我们今天的实验用B级的铅笔效果要比H级的好。

资料卡